Christoph Schweiger

Der Vater, der Sohn und die Firma – Generationenwechsel im Familienunternehmen

Christoph Schweiger

Der Vater, der Sohn und die Firma

Generationenwechsel im Familienunternehmen

Re Di Roma-Verlag

Bibliografische Information durch
Die Deutsche Bibliothek:
Die Deutsche Bibliothek verzeichnet diese Publikation in der Deutschen Nationalbibliografie; detaillierte bibliografische Daten sind im Internet über http://dnb.ddb.de abrufbar.

ISBN 978-3-86870-048-0

www.rediroma-verlag.de
12,80 Euro (D)

»Es gibt nichts Gutes außer man tut es.«

Erich Kästner

INHALTSVERZEICHNIS

1 Einleitung

In 100 Jahren sind wir alle tot. Alles endet irgendwann. Nichts bleibt so, wie es ist.

Früher oder später kommt der Tag an dem jeder in den wohlverdienten Ruhestand wechseln möchte oder wechseln muss. In Deutschland sind es 100.000 Betriebe, die in den nächsten Jahren einen Nachfolger brauchen.

Dieses Buch ist keine Analyse des Allgemeinen und es ist kein allgemeingültiger Leitfaden. Es sind meine persönlichen Erfahrungen und daher nicht mehr als Tipps und Beispiele. Lesen Sie über meine Erfahrungen. Sicherlich ist auch das ein oder andere für Sie mit dabei.

Ich habe dieses Buch geschrieben, eben weil ich mit all den Ratgebern und den Lehrbüchern nichts anfangen konnte. Ich hätte gerne ein Buch wie dieses zur Hand gehabt.

Auf die »technischen« Details werde ich nicht eingehen. Diese werden Sie schon selber herausfinden und sicher auch lösen. Zusammen mit Ihren Steuerberatern, Anwälten, Bankiers und mit anderer Literatur.
Ich möchte meine Erfahrungen mit Ihnen teilen. Mein Ziel ist es, Ihnen Tipps an die Hand zu geben, wie es zwischen Vater und Sohn und mit der Firma klappt. Worauf Sie Acht geben sollten und worauf es beim Generationenwechsel ankommt.

Heute sitze ich hier, gute 12 Jahre nach meinem ersten offiziellen Arbeitstag. Ich habe eine großartige Ehefrau gefunden und wir haben zusammen zwei fantastische Töchter. Wir leben in einem Haus in unmittelbarer Nähe eines alten Klosters und verbringen jede freie Minute zusammen.
Ich habe großes Glück gehabt. Ich hatte die Möglichkeiten und ich habe sie genutzt und ich bin meinem Plan gefolgt. Bis heute. Und ich habe noch viel vor.

Mein Vater gründete vor mehr als 30 Jahren in einer Wohnung eines Privathauses ein kleines Handelsunternehmen für elektrischen Industriebedarf. Damals waren sie zu zweit, heute sind wir mehr als 200 Mitarbeiter.
Auf dem Weg ist viel passiert. Die Welt hat sich verändert, und damit auch das Geschäft. Die Firma macht heute zu einem Teil noch das Gleiche wie damals, aber maßgeblich sind neue und sehr anspruchsvolle Geschäfte dazu gekommen. Heute produziert die Firma eigene Produkte und wir betreiben einen schnell wachsenden Industrie-Dienstleistungsbereich.

Ich wurde nie dazu gedrängt das Unternehmen weiterzuführen. Es war meine freiwillige Entscheidung. Ich war mir vollkommen bewusst, was es bedeutet.
Es ist nicht einfach. Und das wird es nie sein. Es gibt keine Minute, in der man ohne hohen Aufwand und Disziplin auskommt. Als Unternehmer weiß man, dass ein »Aufwand-Nutzen-Vergleich« nur bedingt sinnvoll ist. Denn darum geht es nicht. Es geht um eine bestimmte Art zu leben. Ich habe diese Lebensweise gewählt, da ich überzeugt bin, dass sie mir entspricht.

Lernen Sie mich in diesem Buch kennen und lesen Sie meine Erkenntnisse. Ob Sie nun der Senior oder der Junior sind, sicherlich finden Sie Tipps und Anregungen aus meiner Geschichte.

Meine zentrale Aussage dieses Buches finden Sie in Kapitel 4.
Ich sage: »Junior, übernehmen Sie Verantwortung!«

Ich wünsche Ihnen viel Spaß beim Lesen.

Christoph Schweiger,
Mittwoch, 15. Februar 2017

2 Motivation

Junior, Warum das eigentlich alles?

Im ersten Kapitel möchte ich Sie bitten, sich mit den Grundsätzen zu beschäftigen. Wenn man schon etwas mit Leib und Seele und unter Einbringung (fast) seiner ganzen Energie tut, dann sollte man sich wenigstens die Frage stellen – warum eigentlich?

Am besten, man stellt sich diese Frage möglichst früh. Und noch besser wäre es, wenn man die Antwort darauf findet.

Als Nachfolger werden Sie zum Unternehmer werden. Das bedeutet nicht nur, dass Sie eben den Beruf des Unternehmers ausfüllen, sondern Sie WERDEN zum Unternehmer.

Und auch wenn Sie es sich als junger Mensch mit Ihren bisherigen Erfahrungen, Vorstellungen und Grundsätzen noch nicht so ganz vorstellen können ... Dieser Job wird Sie zum Unternehmer machen. In ein paar Jahren werden Sie handeln und denken wie ein Unternehmer. Sie werden ein Unternehmer sein. Es gibt keine andere Möglichkeit. Der Job wird Sie verändern. Ihre Ansichten und Einstellungen werden andere sein, als sie es heute sind. Sie werden zu dem WERDEN, was sie tun. Sie werden SEIN, was Sie tun.

Und das ist auch gut so. Denn nur mit vollem Einsatz werden Sie die Ihnen gestellten Aufgaben und Verantwortungen erfüllen können. Wenn Sie es nicht schaffen zum Unternehmer zu werden, dann werden Sie scheitern.

Scheitern ist in einem Familienunternehmen fatal. Firma und Familie sind verstrickt und lassen sich so gar nicht trennen. Ein Scheitern nimmt Ihrer Familie, Ihren Eltern, Ihren Geschwistern, Ihrer

Frau und Ihren Kindern für den Rest der Zeit die Grundlage für ihr Auskommen. Das darf natürlich nicht passieren. Und es ist Ihre Verantwortung und Ihre Aufgabe, es nicht passieren zu lassen.

Wenn Sie es machen,
dann machen Sie es richtig!

Wenn Sie diesen Einsatz aus irgendeinem Grund nicht leisten können, dann machen Sie es am besten gar nicht. Es wird dann andere Wege geben, um das Auskommen Ihrer Familie zu sichern. Aber ein Scheitern des Unternehmers ist mit einem Scheitern Ihrer ganzen Familie gleichzusetzen.

So bleibt nicht nur die Frage danach, ob Sie es können. Genauso stellt sich die Frage, ob Sie es wirklich wollen. Wollen Sie zum Unternehmer werden?

Um hier weiterzukommen, ist es wichtig, sich mit der Frage der Motivation auseinanderzusetzen. Warum das eigentlich alles?

Fangen wir doch mit der Frage an, was der Sinn eines Unternehmens ist:

Eine Firma ist dazu da,
um Geld zu verdienen.

- Peter Drucker -

Willkommen im Kapitalismus! – Aber ganz so hart ist es nicht. Denn Peter Drucker hat noch etwas mehr gesagt.
Eine Firma ist dazu da, um Gewinne zu erwirtschaften. Je höher die Gewinne, desto besser. Grundsätzlich gilt das. Denn erst wenn eine Firma Gewinne erwirtschaftet, kann sie auch andere Aufgaben übernehmen. Drucker sagt weiter, dass die Unternehmen als wichtiger Teil der Gesellschaft die Pflicht haben, soziale Verantwortung zu übernehmen. Unternehmerische Tätigkeit und soziale Verantwortung gehen bei Drucker einher. Zusammen sind sie die Aufgabe der Unternehmen in der Gesellschaft.
Erst wenn Gewinne und damit Sicherheiten vorhanden sind, kann sich eine Firma zum Beispiel anständig um die Mitarbeiter kümmern, Gehaltserhöhungen umsetzen, Vorschüsse ausbezahlen, schwache Mitarbeiter unterstützen und Ausbildungen bezahlen. Erst wenn Gewinne vorhanden sind, kann sich ein Unternehmen sozial engagieren. Zum Beispiel spenden oder gesellschaftlich wirksame Arbeit leisten.
Das alles geht nicht, solange keine Gewinne vorhanden sind. Es mag den Anschein haben, als befänden wir uns hier in einem Widerspruch. Zum einen steht die Forderung nach kapitalistischem Handeln, zum anderen die Verpflichtung diesen kapitalistischen Erfolg sozial einzubringen. Es ist die Aufgabe des Unternehmers diese teils gegensätzlichen Forderungen aufzulösen. Eine allgemeingültige Richtlinie existiert hier selbstverständlich nicht. Der Unternehmer selbst ist es, der hier die jeweiligen Entscheidungen treffen muss. Es wird immer ein persönliches Abwägen sein.

Die Gewinne sind aber in jedem Fall die Grundlage. Damit sind sie das primäre Ziel, welches immer verfolgt werden muss. Ganz egal was man tut und wie man es tut.

Als Junior müssen Sie Ihre Motivationen selbst herausfinden. Je detaillierter und schlüssiger Sie diese kennen, desto leichter wird es für Sie sein, jeden Tag aufs Neue morgens aufzustehen und das, was Sie erreichen wollen, voranzutreiben.

Als Nachfolger ergibt sich ein weiteres Problem. Sie gründen keine neue Firma, sondern Sie beginnen Ihre Arbeit in einer Firma, die es schon gibt.
Ihre Motivation ist nicht die des Gründers. Und allein dieser Zusammenhang birgt schon umfangreiches Potenzial für Konflikte und ein hohes Risiko in Streit zu scheitern.

Kommen wir also zurück zu meiner eigenen Geschichte. Ich möchte Ihnen zeigen, wie es bei uns war und wie es ist und warum ich tue, was ich tue.

Ich bin der Meinung, dass man im Leben die Pflicht hat, Aufgaben zu suchen, die einem selbst entsprechen. Diese sollten zum eigenen Charakter und zur eigenen Person passen. Zum anderen sollten sie der eigenen Situation und damit den eigenen Möglichkeiten angemessen sein. So sehe ich es als meine Pflicht an, im Rahmen meiner Möglichkeiten für mich selbst Ziele zu definieren, die »groß genug« sind.
Ich habe nicht vor nur mein Auskommen (und das meiner Familie) zu sichern und ein bisschen mehr zu verdienen als die meisten anderen. Ich habe vor die Firma weiter aufzubauen und meine Möglichkeiten auf Basis dessen, was ich erbe, zu gestalten.

Natürlich sehe ich auch die Vorteile in einem finanziellen Auskommen. Wenn ich meine Aufgabe als Unternehmer gut mache, dann habe ich die Chance auf ein gutes bis sehr gutes Einkommen.

Das bringt natürlich einige weitere Möglichkeiten mit sich und lässt mich mein Leben möglichst glücklich gestalten.
Ich möchte diese Sicherheiten für mich und meine Familie. Dabei denke ich weniger an heute und morgen, sondern an übermorgen. Später, wenn ich alt bin und meine Kinder groß sind, möchte ich Sicherheit. Für mich selbst und für meine ganze Familie. Ich möchte ruhig schlafen können.

Die Ziele des Vaters

Mein Vater, geboren 1948, stammt aus einfachen Verhältnissen und wuchs in der Nachkriegszeit auf. Trotz seines schwierigen Umfelds konnte er die Wirtschaftsschule besuchen und machte eine Ausbildung zum Kaufmann. Während seiner Zeit bei einer alteingesessenen Münchner Firma für Elektroartikel kam eine Weiterbildung zum Fachwirt dazu. Bereits mit 25 Jahren wurde er in dieser Firma zum Geschäftsführer ernannt und leitete dieses Unternehmen Jahre erfolgreich. Dann kam in diesem Unternehmen der Generationenwechsel und die beiden Söhne des Inhabers übernahmen die Firma. Mehr schlecht als recht, wie mir berichtet wurde. Es gab unüberbrückbare Differenzen und so ergriff mein Vater die Möglichkeit, sich selbständig zu machen und sein eigenes Unternehmen zu gründen.

Er hatte zwei Ziele:

Erstens: Er wollte sein eigener Herr sein, seine eigenen Ideen umsetzen und sich nie wieder von jemanden was sagen lassen, der keine Ahnung hat.

Zweitens: Er wollte (mindestens ein wenig) mehr verdienen als zuvor.

Beides ist ihm natürlich bravourös gelungen. Das und natürlich noch viel mehr.

Worum es mir an dieser Stelle jedoch geht, ist etwas anderes. Es geht darum, sich die jeweilige Ausgangssituation des Einzelnen bewusst zu machen. Die Motivation. Erst wenn man die Motivation kennt, kann man die jeweiligen Entscheidungen und das jeweilige Verhalten eines Menschen beurteilen. Jeder Mensch handelt nach seiner ganz eigenen Motivation. Und diese ist von Mensch zu Mensch immer unterschiedlich. Erst wenn man die Motivation kennt kann man Entscheidungen interpretieren und sie verstehen. Erst dann kann man miteinander umgehen.

Sehen wir uns also an, wie sich meine Situation darstellt und wie meine Motivation lautet.

Die Ziele des Sohnes

Ich habe ein staatliches Gymnasium besucht, habe mein Abitur in den Fächern Mathe und Physik geschrieben und bin im Anschluss als Zivildienstleistender auf einem Rettungswagen gefahren. Gleich nach dieser Zeit war ich mehrere Monate in England. Auslandserfahrung. Und um die Sprache zu lernen. Eigentlich wollte ich Physiker werden, aber das Studium gefiel mir nicht. Also wechselte ich sofort (ins zweite Semester) Elektrotechnik. Damals schon als Vorbereitung auf meinen geplanten Job im Betrieb meines Vaters. Ich war dann im Alter von 24 Jahren mit dem Studium fertig und war Diplomingenieur Elektrotechnik (FH). Direkt nach dem Studium ging ich nochmal ins Ausland. Nach Australien. Dann fing ich in der Firma an. Meine Promotion schloss ich später als externer Doktorand an der LSE in London im Fachbereich »economics« im Themenbereich »interkulturelle Kommunikation« ab.

Meine Eltern waren trotz ihres sich nach und nach einstellenden Erfolges nach wie vor ganz »normale« Leute. Um es auf den Punkt zu bringen: Wir waren nie »etwas Besseres«. Weder hatten wir einen besonders ausgewählten Freundes- und Bekanntenkreis noch machten wir irgendwas Extravagantes oder wohnten in einer Villa. Ich hatte weder besonders großartige Spielsachen noch irgendwelche anderen Dinge, die andere nicht auch hatten. Ich hatte natürlich auch immer zu wenig Taschengeld.
Wir waren normal. Und für mich kam die Erkenntnis, dass mein Vater ein erfolgreicher Unternehmer ist und ich aus einer Unternehmerfamilie stamme, erst sehr spät. Ich wusste es einfach nicht. Es war auch nicht wichtig.

Ich hatte aber natürlich viele Möglichkeiten. Glücklicherweise hat es sich ergeben, dass ich diese genutzt habe. Denn meine Verantwortung für mein zukünftiges Leben war mir als junger Mensch natürlich noch nicht bewusst.

Im Nachhinein bin ich ausgesprochen froh und stolz darüber, dass meine Eltern meine Schwester und mich bodenständig erzogen haben. Ich versuche auch meinen Kindern eben genau das Gleiche zu vermitteln was mir vermittelt wurde, beziehungsweise eben gerade nicht zu vermitteln. Wir sind ganz normale Leute.
Ich habe den gleichen Respekt vor jedem Menschen. Ganz egal, ob er derjenige ist, der im Büro die Papiereimer ausleert, oder ob er

der Chef und Inhaber einer ganzen Firmengruppe ist. Für mich zählt der Charakter.
Ja, selbstverständlich bin ich nicht der Erhabene, der es geschafft hat über allem zu stehen. Selbstverständlich werte ich irgendwo genauso wie jeder andere Mensch auch. Eindruck und Wertschätzung hängen schon irgendwo zusammen. Das wird wohl jedem so gehen. Nur wenn man die Menschen dann ein wenig kennenlernt, merkt man doch ziemlich schnell, ob es sich um einen guten Menschen oder doch nur um einen moralischen Idioten handelt, der sich selbst und der Welt etwas vormacht.
Respekt ist für mich eine der großen Tugenden. Ich versuche mich jeden Tag daran zu orientieren.

So wie man seine Tage lebt,
so lebt man sein Leben.

Mein großes Ziel ist es möglichst glücklich zu sein. Heute, morgen und übermorgen. Wenn man es genau nimmt, dann ist das irgendwo mein einziges Ziel. Mein »Master-Plan«, sozusagen. Alles, was ich entscheide und tue, versuche ich aus dieser allgemeinen Zielsetzung abzuleiten.
Nein, es ist nicht das, was ich unter Glück verstehe, es mir möglichst gut gehen zu lassen und mich möglichst wenig anzustrengen. Ich habe erfahren, dass es weitaus glücklicher macht, Aufgaben zu haben, die einen erfüllen. Das Stichwort hier ist »Selbstverwirklichung«. (Was auf keinen Fall verwechselt werden sollte mit »Egoismus«.) Ich weiß, dass es mich nicht glücklich machen würde, den einfachen Weg zu gehen. Ich weiß, dass es mich am glück-

lichsten macht, an der Erfüllung einer Aufgabe zu arbeiten, die »groß genug« für mich ist. Dinge zu gestalten, Neues zu erschaffen und zum Erfolg zu führen. Etwas entstehen zu lassen, wo vorher nichts war.

Weiter geht es mir vor allem darum, möglichst große Sicherheiten für meine Familie und für mich zu schaffen.
Wir haben zwei Töchter und ich wäre sehr unglücklich, wenn es denen nicht gut gehen würde. Heute, morgen und übermorgen.
Selbstverständlich erwarte ich durch meine Arbeit als Unternehmer, dass ich ein gutes Gehalt habe und mir Reserven und Sicherheiten zulegen kann. Das Geld ist leider wichtig, wenn man in unserer Region ein gutes Leben haben möchte. Unsere beiden Kinder haben jedes ein eigenes Zimmer und wir können in den Zoo gehen und dort auch im Restaurant essen. Wir können uns unsere Urlaube leisten. Und wir haben ein Auto, das praktisch für eine Familie mit zwei Kindern ist. – Aber recht viel mehr brauchen wir nicht. »Lifestyle« brauche ich nicht. So etwas macht mich nicht glücklicher. Also mache ich es nicht.

Ich starte da, wo mein Vater aufhört. Die damaligen Ziele meines Vaters sind also für mich schon erreicht.
Ich habe meine Ziele anders gesteckt. Mein Ziel ist es, die Firma maßgeblich auszubauen. Dieser Prozess läuft bereits seit einigen Jahren. Vor meinen Augen habe ich ein ganz konkretes Umsatzziel. Und darauf arbeite ich hin. Dieses konkrete Ziel ist hoch gesteckt, aber sicherlich realistisch erreichbar innerhalb der Zeit, die mir zur Verfügung steht.

3 Familienunternehmen und Familie

Im Familienunternehmen ist Privates und Geschäftliches so verflochten und beides liegt so nahe beieinander wie sonst nirgends. Besitzverhältnisse und Entscheidungen sind immer gleichzeitig privat und geschäftlich.

Sicherlich versucht man beim Abendessen daheim nicht über die Firma zu sprechen. – Man möchte Privates und die Firma voneinander trennen. – Das ist ein guter Ansatz. Aber es geht nicht. Die Firma ist immer da. Genauso wie bei Gesprächen in der Firma das Private immer da ist. Ein Familienunternehmen heißt nicht ohne Grund »Familienunternehmen«.

Die Firma baut auf die Kultur der Familie auf. Und die Familie trägt die Verantwortung über die Firma. Die Firma sichert das Auskommen und die Zukunft der Familie.

Es geht um die Familie

»Der Sinn eines Unternehmens ist es, Geld zu verdienen.« Erst dann kommt alles andere. An dieser Stelle möchte ich Folgendes hinzufügen: »Der Sinn eines Familienunternehmens ist es der Familie ein Auskommen und Sicherheit zu verschaffen.« – Erst dann kommt alles andere. Ist dieses Ziel erfüllt, dann kann man, wie oben schon erwähnt, auch über weitere Ziele und Verantwortungen sprechen. Wenn es aber hart auf hart kommt, dann zählt nur noch die Familie.

So passt die Unternehmensübergabe an ein Familienmitglied natürlich ausgezeichnet in dieses Bild. Es ist nur logisch, dass der Besitz des Familienunternehmens und die Verantwortung in der Familie bleiben und von den Eltern auf die Kinder und somit an die nächste Generation übertragen werden. Es ist eine Frage der Ehre, der Wertschätzung und der Familienkultur, das zu schützen und zu sichern, was der Familie gehört.

Einige Jahre zurück hätten sich viele Fragen, die man heute unvoreingenommen diskutiert, gar nicht gestellt. Früher war es selbstverständlich, dass das Geschäft der Familie in der Familie zu bleiben hat und dass die Kinder es weiterführen. Denken wir nur an die Landwirtschaft.
Heute ist das anders. Und das ist auch gut so. Denn eine Übergabe an einen Nachfolger, der die Rolle des Unternehmers nicht vollkommen einnehmen möchte und kann, ist aussichtslos. Einen solchen Schritt zu tun, würde der Familie mehr schaden, als ihr zu nutzen.

Erben

Erben gleich sterben? Nein, das ist natürlich nicht so! Wenn Eltern etwas an Ihre Kinder vererben, dann hat das den Sinn, dass sie Verantwortung abgeben, so dass sie selbst zur Ruhe kommen können. Vorzeitiges Erben nutzt darüber hinaus steuerliche Vorteile. Und es stellt Ordnung her. Denn das, wofür man Verantwortung trägt, sollte einem früher oder später auf die eine oder andere Art als Eigentum »gehören«.

Für mich selbst hat die Frage nach dem Besitz innerhalb der Familie nie wirklich eine Rolle gespielt.

Familie ist für mich »wir«. Ob nun Anteile und Immobilien auf meinen Namen laufen oder nicht, das ist mir egal. Ich weiß, dass die Entscheidungen immer für die Familie getroffen werden. Das geschieht entweder gemeinschaftlich oder auch durch mich als Unternehmer alleine. Ein wirkliches »Alleinrecht« des rein rechtlichen Besitzers gibt es nicht. Die Entscheidungen betreffen immer die ganze Familie. Trifft einer eine Entscheidung alleine, dann nur weil er die Situation am besten beurteilen kann. Und er ist sich jederzeit seiner Verantwortung gegenüber der Familie bewusst. Folglich spielt es keine Rolle, ob nun er unterschreibt oder ein anderes Familienmitglied.

Das funktioniert natürlich sehr gut, wenn Einigkeit zwischen den Familienmitgliedern herrscht. Gibt es in irgendwelchen Punkten keine Einigkeit, dann ist das ein großes Problem.
Dann ist es obligatorisch die Besitzverhältnisse und die Entscheidungsbefugnisse ganz klar zu regeln.

Unser Deutsches Recht ermöglicht es, dies vertraglich und sogar notariell ganz klar zu regeln. Die Übertragung von Besitz kann an Bedingungen geknüpft werden.
Die Eltern haben damit die Möglichkeit den Besitz aus der Hand zu geben, gleichzeitig aber die Verwendung und damit die Maßnahmen »im Falle, wenn« vorab zu klären und rechtlich zu regeln. Sodass Ihr Wille auch nach der Übertragung gewahrt und eingehalten wird.

Den Hof kann nur einer erben? Was tun, wenn man mehrere Kinder hat und nur eine Firma da ist? Was tun, wenn die Firma einen 25-mal so großen Wert hat als aller Privatbesitz zusammen? Was tun,

wenn nur eines der Kinder die Firma weiterführen wird und das andere nicht?
Wir haben es hier nicht mit einem Konflikt, sondern gleich mit einem handfesten Dilemma zu tun. Egal, was Sie tun, egal, wie Sie entscheiden, immer wird es auf die eine oder andere Art ungerecht und unvorteilhaft sein. Trotzdem kommen Sie als Eltern um Entscheidungen nicht herum. Zu warten, bis alles vorbei ist und Ihr Tod »die Entscheidung trifft«, wird in jedem Fall die denkbar schlechteste Lösung sein.

Die Eltern treffen die Entscheidungen. Die Kinder müssen sich danach richten.

Meiner Auffassung nach steht es den Kindern nicht zu, sich in die Entscheidungen ihrer Eltern einzumischen. Die Kinder können sich erklären, ihre Wünsche und Vorstellungen äußern, die Entscheidungen werden jedoch von den Eltern getroffen. Die Kinder haben sich danach zu richten. Es ist das Recht und die Pflicht der Eltern zu entscheiden. Die Kinder haben die Pflicht diese Entscheidungen zu respektieren. Ganz egal, wie sie ausfallen.
Das bedeutet nicht, dass die Kinder die Entscheidungen gutheißen müssen. Sie müssen nicht einverstanden sein. Trotzdem haben die Kinder nicht das Recht zu intervenieren. Es ist die Pflicht der Kinder, die Entscheidungen ihrer Eltern zu respektieren und zu akzeptieren.

Sie als Eltern entscheiden, was das Beste für Ihren Besitz und das Beste für Ihre Kinder ist. Sie werden entscheiden. Sie werden entscheiden, was »das Richtige« ist.
Sie kennen Ihre Kinder und sie wissen, wozu sie in der Lage sind und wozu nicht. Sie bestimmen durch Ihre Entscheidungen, wie das Leben Ihrer Kinder weitergeht. Sie bestimmen über das Leben Ihrer Kinder. Besitz verpflichtet.
Wenn Ihr Sohn in der Lage ist den Betrieb zu führen (was er Ihnen erst noch beweisen muss), dann müssen Sie ihm die Firma übertragen.

Aber seien Sie sich bewusst dass Ihr Sohn es als Unternehmer nicht besser, sondern wohl eher schlechter haben wird, als Sie selbst es ein Leben lang hatten. Mit Ihrer Entscheidung werden Sie Ihren Sohn den ganzen Strapazen aussetzen, den Sie als Unternehmer ein Leben lang ertragen haben. Es werden Krisen kommen. Schon sehr viel früher, als Sie es vermuten. Und Ihr Sohn wird noch viele schlaflose Nächte zu ertragen haben. Denn es ist unmöglich, eine Firma zu führen ohne diese vielen schlaflose Nächte.
Ihr Sohn wird die gesamte Verantwortung für das Wohl Ihrer ganzen Familie tragen. Krisen der Firma werden Krisen Ihres Sohnes sein und es wird Ihr Sohn alleine sein, der diese Krisen überstehen muss, ganz alleine. Er wird wissen, dass es seine Pflicht ist, diese Last zu tragen und die jeweilige Situation durch sein eigenes und alleiniges Wirken zu überstehen, zum Wohle der ganzen Familie.

Sie können Ihrem Sohn später in solchen Situationen nicht mehr helfen. Sie können ihm schon in 10 Jahren nicht mehr helfen. In 10 Jahren werden Sie die Last nicht mehr zusammen tragen, sondern Ihr Sohn wird das alleine tun müssen. Ganz alleine.

Entscheiden Sie so, wie es richtig ist.

Absicherung

Was ist der denkbar schlimmste Fall, der eintreten könnte? Ein Todesfall? Eine schlimme Erkrankung? Ein Gebäudebrand, der Ihre Produktion, Ihr Lager und Ihr EDV-System zerstört? Eine Wirtschaftskrise? Ein Totalausfall des wichtigsten Kunden? Der Ausfall mehrerer wichtiger Mitarbeiter gleichzeitig?

Oder vielleicht ein ganzes Szenario: Ihre Produkte und Dienstleistungen lassen sich mit den Jahren immer schlechter verkaufen. Die Margen sinken. Sie haben so gut wie keine Gewinne mehr, Ihre Rücklagen sind aufgebraucht. Dann brechen noch drei oder vier große Kunden weg. Ihre Personal- und Fixkosten fressen Sie auf. Und das schneller, als Sie reagieren können. Und was dann?

Was würde passieren, wenn Sie selbst krank werden? Und zwar so krank, dass Sie keine Entscheidungen mehr treffen können. Wie lange würde es dauern, bis der Firma das Geld ausgeht? Wie würde es weitergehen?

Haben Sie über den »Worst-Case« nachgedacht? Haben Sie einen Notfallplan in der Schublade? Und wenn dieser Notfall eintritt, wer hat dann den Schlüssel zu dieser Schublade und wer hat die nötigen Kompetenzen, diesen Notfallplan umzusetzen? Und wie soll es dann für Sie selbst und Ihre Familie weitergehen?

Eine Firma ist kein robuster Fels in der Brandung. Sie ist ein jederzeit zerbrechliches und diffuses Konstrukt, das immerzu intensive Pflege und Betreuung braucht. Extreme Situationen können unmittelbar in Katastrophen enden wenn niemand da ist, der entspre-

chend reagiert. Kümmert sich niemand intensiv, dann geht es bergab. Und das dann mit jedem Tag schneller und schneller.
Je größer und kapitalstärker Ihr Unternehmen ist, desto geringer ist das Risiko dass Probleme in einer echten Bedrohung für Sie persönlich und Ihre Familie enden. Die Gefahr besteht jedoch immerzu.

Wie groß sind die Rücklagen Ihrer Firma? Wie groß ist Ihr Vermögen? Wie stabil sind die Geschäftsbeziehungen? Wie stabil ist Ihre Organisation? – Rechnen Sie den »Worst-Case« durch.
Wenn es hart auf hart kommt, dann geht es, wie oben beschrieben, nur noch um die eigene Familie.
Ist Ihre Rente sicher? Ist Ihre Familie im Falle eines Totalausfalls abgesichert?

Gibt es ein Testament, einen Erbvertrag, eine Patientenverfügung und eine Vorsorgevollmacht? Was steht in den Gesellschafterverträgen und in den Eheverträgen?

Sie haben die Pflicht für Ihre eigene Familie, für Ihre Frau und Ihre Kinder Sicherheit zu schaffen.
Machen Sie sich dies bewusst. Wenn Sie Unternehmer sind und das Auskommen der ganzen Familie verantworten, dann brauchen Sie hohe Rücklagen. Sehr hohe Rücklagen. Ausreichend, um auch schlechte Zeiten überstehen zu können. Ausreichend, um die Rente der Eltern und das Auskommen ihrer eigenen Familie im Alter zu sichern.

Und vergessen Sie die Idee, dass diese Erträge lange Zeit vom Bestandsgeschäft kommen werden!

Sie werden schon ein paar neue Geschäftsideen haben müssen, die Sie in die Tat umsetzen und damit Geld verdienen.

Junior, es ist Ihre Verantwortung, das alles ganz alleine zu schaffen!

4 Verantwortung

Als Nachfolger muss man Verantwortung übernehmen! Das ist die zentrale Kernaussage dieses Buches. In der Tat habe ich schon mit dem Gedanken gespielt, das Buch »Verantwortung« zu nennen. Denn genau das ist der Schlüssel. Die Verantwortung ist der wesentliche Schlüssel zu einer erfolgreichen Unternehmensübergabe. Dies ist das zentrale Kapitel dieses Buches. Ich bitte Sie, die folgenden Seiten aufmerksam zu lesen.

Verantwortung ist der Schlüssel

Die Verantwortung des Juniors ist der Schlüssel zu allem. Erst wenn die Verantwortung vom Junior übernommen wird, kann die ganze Sache funktionieren. Ich wiederhole:

Junior, übernehmen Sie die Verantwortung!
Sofort!

Und nicht erst später,
wenn der Senior nicht mehr da ist.

Der Junior muss sich für die Firma und für alle die Firma betreffenden Angelegenheiten verantwortlich fühlen. Dabei spielt es keine Rolle, ob sein Vater noch da ist. Der Junior muss sich verantwortlich fühlen.

Ohne die gesamte Verantwortung zu übernehmen, ist es unmöglich, einen Betrieb zu führen. Natürlich, oder haben Sie sich als Senior schon jemals sagen gehört: »Das ist nicht mein Verantwortungsbereich. Das geht mich nichts an. Das macht jemand anderes.«
Selbstverständlich geht es Sie etwas an. Alles geht Sie etwas an. Ihnen gehört ja auch die Firma. Sie tragen die Verantwortung. Spätestens dann, wenn irgendetwas nicht funktioniert, werden Sie sehr schnell bis ins Details wissen, was da los ist.

So muss es auch für den Junior sein. Auch wenn der Senior noch da ist, der Junior muss die gesamte Verantwortung übernehmen.

Zur Verdeutlichung noch ein Beispiel aus meiner eigenen Geschichte: Als Unternehmer sitzt man ja öfters in einem Büro bei einem Notar. Der Notar, zu dem wir immer gehen, ist ein weiser Mann, der im fortgeschrittenen Alter sehr stattlich und souverän ist. Neben seiner Tätigkeit als Notar ist er noch in einigen Großunternehmen und Verbänden beratend tätig.
Bei unserem Besuch ging es um Erbschaften, privates und geschäftliches Vermögen und dergleichen. Ein Notartermin eben.
Und so kamen wir natürlich auch auf das Thema »Nachfolge« und der Notar sagte ein paar Worte, die ich mir eingeprägt habe.

Er sagte:
»Herr Schweiger, wenn Sie doch jetzt schon wissen, dass einmal der Tag kommen wird, an dem Sie die gesamte Verantwortung tragen werden, dann müssen Sie doch jetzt schon so handeln und so wirken, dass es dann, wenn Sie später die gesamte Verantwortung tragen, auch funktioniert.«

Senior und Junior, sprechen Sie darüber. Setzen Sie sich zusammen an einem Tisch und sprechen Sie über genau diesen Zusammenhang. Sprechen Sie über Verantwortung. Sprechen Sie darüber, wie es ist, die Verantwortung vollständig zu übernehmen.

Junior, machen Sie es sich jeden Tag bewusst, welche Verantwortung Sie tragen und was das bedeutet! Es ist Ihr Leben, Ihre Zukunft. Sie alleine tragen die Verantwortung für Ihr Leben und Ihre Zukunft. Wie möchten Sie leben? Was möchten Sie erreichen? Wie stellen Sie sich Ihr Leben und Ihre Zukunft vor? Sie alleine tragen die gesamte Verantwortung für Ihr Leben und für Ihre Zukunft.

Sie tragen nicht nur die Verantwortung für Ihre Angestellten, so wie man das immer hört. Nein, Sie tragen die Verantwortung für alles!

Als Familienunternehmer tragen Sie die Verantwortung für Ihre ganze Familie!

Sie tragen die Verantwortung für das Auskommen Ihrer Familie. Ihre eigenen Wünsche, Sehnsüchte und Hoffnungen sind es, die Sie antreiben und die Sie mit Ihren Möglichkeiten erreichen können. Diesen Weg können Sie sich nicht vorgeben lassen. Sie müssen entscheiden, denn Sie sind es der die alleinige Verantwortung dafür trägt. Sie sind verantwortlich für die Sicherheiten und das Auskommen Ihrer Familie.

Sie tragen die Verantwortung dafür, dass Ihre Firma auch noch in 3, in 5, in 10, in 15 und in 25 Jahren erfolgreich ist. Es ist allein Ihre Aufgabe für neue Ideen, neue Visionen und neue Taten zu sorgen. Sie müssen dafür sorgen, dass die Gewinne erwirtschaftet werden, die Ihre Zukunft und die Ihrer Familie sichern.

Übergabe von alleine

Ich halte seit Beginn meiner Tätigkeit als Nachfolgeunternehmer Kontakt zu anderen »Juniors« die sich in einer vergleichbaren Situation wie ich selbst befinden. Zum einen einfach deshalb, weil es mir Spaß macht, mit Leuten zu sprechen, die das gleiche »Problem« wie ich selbst haben. Und zum anderen natürlich auch um Anregungen und Tipps darüber zu erhalten, wie ich es selbst besser machen kann.

In der Tat ist es jedoch so, dass ich nur einen einzigen Fall persönlich kenne, bei dem die Nachfolge wirklich funktioniert und der Junior wirklich die Firma erfolgreich führt. Nicht nur auf dem Papier und quasi »im Schatten« des Seniors, sondern reell, in Person und alleine. Nur in diesem einen Fall hat der Junior tatsächlich die gesamte Verantwortung übernommen.

Meistens läuft die Übergabe alles andere als erfolgreich. Das liegt natürlich immer an zahlreichen unterschiedlichen Dingen. Die Probleme sind komplex. – Genau aus diesem Grund lesen Sie ja auch dieses Buch. – Trotzdem habe ich einen Punkt festgestellt, der bei allen Fällen in denen es nicht funktioniert, gleich ist.

Junior, warten Sie nicht, bis der Senior nicht mehr da ist. Fangen Sie sofort an!

Ein »Unternehmensnachfolgekollege« in meinem Alter erzählte mir über die Firma, die er (noch) zusammen mit seinem Vater führt. Es ist ein Tiefbauunternehmen mit Baggern und Bohrern und jeder Menge Ausstattung und ca. 40 Festangestellten. Sein Vater ist nun selbst im Alter, in dem er gerne mehr und mehr in die zweite Reihe treten würde. Sein Sohn arbeitet schon seit fast zehn Jahren im Unternehmen und ist mit als Geschäftsführer eingetragen.

Eher interessehalber frage ich ihn, wie hoch denn der Umsatz seines Unternehmens ist. Die Antwort irritierte mich. Sie verstörte mich schon fast: Er sagte: – Er wisse es nicht. Er sagte: »Du, das kann ich dir nicht genau sagen. Das macht alles mein Vater. Unseren Umsatz kenne ich gar nicht. Um diese Dinge kümmert sich mein Vater.«

Für mich handelt es sich um ein Beispiel dafür, wie es eben absolut falsch laufen kann. Weder der Sohn noch der Vater haben verstanden, was Verantwortung bedeutet. Sie haben beide nicht verstanden, dass die Übergabe nur dann funktionieren kann, wenn der Junior die Verantwortung übernimmt.

Glauben Sie, dass dieser Junior jemals ein erfolgreicher Unternehmer wird? – Nun, vielleicht. Oder wahrscheinlich eher nicht.

Glauben Sie, dass der Vater jemals wirklich aufhören kann und dass er jemals die Firma komplett an seinen Sohn übergeben kann?

Wissen Sie jetzt, was ich meine? Hätte der Junior die Verantwortung für den Betrieb übernommen, dann wüsste er sehr genau, wie hoch der Umsatz ist. Weiter wüsste er, wie hoch die monatlichen Personalkosten, Unkosten und der momentane Auftragsbestand sind. Er wüsste genau, wie die Kalkulationen bei denen einzelnen Kunden sind, wie sich der Markt und die Geschäfte entwickeln, und er hätte einen Plan, wie die Firma sich in Zukunft entwickeln kann. Das und natürlich noch sehr viel mehr.
Er wusste es aber nicht. Denn »das macht alles sein Vater.«

Der Senior kann gar nicht in Rente gehen und das Feld komplett seinem Sohn überlassen. – Denn sein Sohn ist noch nicht so weit.

Und hier genau liegt der Schlüssel. Der Junior hat die Verantwortung nicht übernommen und mischt sich nicht in Dinge ein, die sein Vater (noch) macht. Und weil er diese Dinge (noch) nicht kann, kann er den Betrieb auch (noch) nicht führen. – Folglich kann sein Vater auch (noch) nicht aufhören. Weil sein Sohn (noch) nicht so weit ist.

Das Problem ist nun, dass sich an dieser Situation auch nichts ändern wird. Wenn der Sohn nicht die volle Verantwortung übernimmt, dann wird er die Dinge nie beherrschen, die jetzt (noch) sein Vater macht. Aber diese Dinge muss er beherrschen, um den Betrieb zu führen.
Weiter darf er auch nicht warten, bis sein Vater ihn da irgendwie mitmischen lässt. Er muss sich diese Dinge selbst aneignen. Von alleine wird hier gar nichts passieren.

Junior, Sie müssen alles wissen.

Wenn der Junior dies tut, dann dauert es nicht lange, bis er wirklich alles weiß und vielleicht auch alles kann. Und wenn er es nicht selbst kann, dann wird er wissen, wo er welchen Mitarbeiter zur Unterstützung braucht.

Wenn der Junior den soweit vollständigen Überblick über alles hat, für das sein Vater derzeit noch der Ansprechpartner ist, dann ist es einfach für den Senior, loszulassen. Der Senior kann sich dann immer weiter und weiter aus dem Geschäft zurückzuziehen, denn sein Sohn macht ja irgendwo faktisch sowieso schon alles.
Wenn es dem Junior klar ist, dass er derjenige ist, von dem alles abhängt, dann wird der Übergang mehr oder weniger von alleine geschehen.
Er wird sich alles anschauen, sich alle Informationen besorgen, alle Probleme erfahren, um alles zu verstehen und um alles beurteilen zu können.

Das ist ein hartes Stück Arbeit und es braucht natürlich Zeit.
Und das erst mal ohne jeglichen »produktiven« Erfolg! Denn vom »sich anschauen« werden noch keine neuen Geschäfte gemacht und es werden auch keine Entscheidungen getroffen. Trotzdem ist es unabdinglich. Der Junior wird viel Zeit damit verbringen müssen sich die Historie genauso wie den aktuellen Stand anzuschauen. Er muss wissen, wie was in der Firma läuft. Und er muss alle Zahlen kennen. Er muss sich sein eigenes Controlling aufbauen und seine eigenen Informationsquellen organisieren. Er muss die Kunden kennenlernen, indem er sie besucht, und er muss den

Markt kennenlernen und begreifen. Das geht nicht vom Schreibtisch aus, sondern bedarf vieler Kilometer im Auto und viel Zeit auf Flughäfen in Flugzeugen und in Zügen.

5 Die Jahre der Übergabe

Selbstverständlich gibt es für die Übergabe kein Geheimrezept. Es gibt hier nicht wirklich ein Richtig oder Falsch. Jede Übergabe läuft anders. Und jede Situation ist anders. Jedes Unternehmen ist anders und alle Menschen sind verschieden.
Dennoch gibt es ein paar Dinge, die den Weg erleichtern und vielleicht ein Scheitern abwenden können.
Ich habe auf meinem Weg einige Erfahrungen gemacht, von denen ich im Folgenden gerne die wichtigsten weitergeben möchte.

Vorbereitung

Meiner Meinung nach findet die Vorbereitung erst einmal im Kopf statt. Im Kopf des Seniors ein wenig mehr als im Kopf des Juniors. Machen Sie sich beide klar, was es bedeutet zusammenzuarbeiten, Entscheidungen zusammen zu treffen und gemeinschaftlich Konflikte zu lösen.

Als Senior werden Sie sich sehr intensiv um Ihren Sohn kümmern müssen. Sie sind es, der den Weg leiten muss. Sie müssen mit Rat und Tat zur Seite stehen und Ihrem Sohn das vermitteln, was Sie für wichtig und richtig halten.

Senior, haben Sie sich die Sachen wirklich gut überlegt?
Ihr Sohn wird sein gesamtes Leben danach ausrichten, den von Ihnen aufgebauten Betrieb zu übernehmen und ein Leben als Unternehmer zu führen. – Ist es das, was Sie wirklich wollen?
Sie geben die gesamte Verantwortung für den Betrieb und auch für Ihre eigene Familie in die Hände Ihres Sohnes. – Ist es das, was Sie wirklich wollen?

Wenn ja, dann ist es gut. Haben Sie aber Zweifel, dann sprechen Sie mit Ihrem Sohn darüber. Und nicht erst irgendwann, sondern jetzt. Sprechen Sie mit Ihrem Sohn über Ihre Zweifel und Ihre Ängste. Sie können davon ausgehen, dass Ihrem Sohn die Tragweite seiner Entscheidung(en) nicht in dem Maße bewusst ist, wie sie es sein sollte(n).

Ich versichere Ihnen, dass Ihr Sohn nach einiger Zeit im Betrieb nicht mehr der sein wird, den Sie vor Antritt dieses Projekts vor sich haben. Die Situation, die Aufgaben und die Verantwortung werden ihn verändern. Und Sie werden Ihren Sohn von einer Seite kennenlernen, die Sie so von ihm überhaupt noch nicht kennen. Ihr Sohn kann nämlich sehr viel mehr, als Sie ihm jetzt im Moment noch zutrauen. Er wird zum Unternehmer werden. Er wird seine Sichtweisen verändern.

Junior, haben Sie sich das wirklich gut überlegt?
Finden Sie erst einmal heraus, ob Sie das überhaupt wirklich wollen. Und dann fangen Sie an.
Und wenn Sie erst einmal angefangen haben, dann nutzen Sie die Zeit erneut, um herauszufinden, wie Ihr zukünftiges Leben aussehen wird. Und beantworten Sie die Frage täglich erneut. – Ist es das, was Sie wirklich wollen? Wenn die Antwort »Ja!« ist, dann ist der Fall aber noch lange nicht abgeschlossen.

Im nächsten Schritt geht es darum, herauszufinden, ob Sie es auch können! Hier müssen Sie absolut ehrlich sein mit sich selbst. Und hören Sie auch auf Ihren Vater und die Leute in Ihrem Umfeld. Ihre Selbsteinschätzung wird immer wieder wenigstens in Teilen auch falsch sein.

Ziehen Sie die Reißleine, wenn Sie herausfinden, dass Sie es nicht wollen. Ziehen Sie die Reißleine, wenn Sie herausfinden, dass Sie es nicht können.

Selbstverständlich findet man die Antworten nicht innerhalb von drei Monaten. Es wird schon ein paar Jahre dauern. Aber der Rest Ihres Lebens ist lang und da bleibt viel Zeit zum Scheitern und zum Unglücklichsein.

Als Unternehmer muss man viel arbeiten. Schlaflose Nächte und Sorgen gehören dazu.

Können Sie Sich durchsetzen?
Können Sie das Arbeitspensum leisten?
Können Sie dem Druck standhalten?
Können Sie jeden Tag aufs Neue morgens aufstehen und die Menschen in Ihrer Umgebung motivieren?
Können Sie mit Mitarbeitern, mit Kunden und mit Lieferanten schwierige Verhandlungen führen?
Können Sie freie Reden vor Ihren Mitarbeitern halten?
Trauen Sie sich ein Kündigungsgespräch zu?
...

Wenn Sie sich »das nicht antun möchten«, dann sind Sie als Unternehmer nicht der richtige.

Ich persönlich habe meinen Weg gewählt. Als Unternehmer und Chef von so vielen Mitarbeitern habe ich alle Freiheiten. Ich kann

Neues beginnen, ich kann es sein lassen. Ich kann morgens entscheiden, nicht in die Arbeit zu gehen. Ich kann so viel und so wenig Urlaub machen, wie ich möchte. Theoretisch.

Selbständig mit allen Freiheiten. Oder doch nicht?

Praktisch ist es jedoch so, dass mit steigendem Erfolg auch die Verpflichtungen mehr werden. Und immer weniger verfüge ich selbst über meine Zeit.
Wenn ein großer Kunde in den USA einen Auftrag platzieren möchte, dann … fliegt man dahin. Was soll man denn auch sonst tun? Wenn die EDV an einem Wochenende ausfällt, dann ist man da. Was soll man denn auch sonst tun? Wenn es Eskalationen gibt, dann ist man da und kümmert sich darum. Natürlich.
Wenn es irgendwo Probleme gibt, dann wird man sich bis ins kleinste Detail informieren und man hört nicht auf, sich um die Sache zu kümmern, solange, bis alles wieder gut ist. Und dann kommt schon das nächste Problem.

Neben dem umfangreichen Tagesgeschäft ist die Aufgabe, Neues zu schaffen, die Dinge zu regeln und immer weiterzumachen. Niemals wird es passieren, dass man mit der Arbeit fertig ist. Es gibt immer etwas zu tun. Und täglich wird es mehr.

Aus den meisten Dingen, die man anfängt, wird nichts werden. Es gibt so viel Frustration wie sonst nirgends. Es passiert so viel Mist.

Und dennoch muss man immer weitermachen. Denn man trägt die Verantwortung und hinter einem selbst kommt niemand mehr.

Wenn man es selbst nicht tut, dann wird es früher oder später gar keiner mehr machen. Und dann landen die Probleme früher oder später wieder auf dem eigenen Schreibtisch. Es wird keiner zu Ihnen kommen und Ihnen sagen, was Sie zu tun haben. Keiner wird Ihnen helfen. Sie werden ganz alleine sein.
Es liegt zukünftig an Ihnen, die Leute mitzureißen und Ihre Ideen umzusetzen. Und das können Sie nicht vom Bürostuhl aus, verkrochen hinter einem Bildschirm. Und die wirklich wichtigen Gespräche und Verhandlungen können Sie auch nicht delegieren. Die müssen Sie schon selbst führen.

Theoretisch ist es so, dass man sein eigener Herr ist. Und nur sein eigener Herr. Wenn man aber möchte, dass der Laden läuft, dann ist es nicht so einfach. Faktisch wird man gesteuert und die Zeit wird weniger und die Sorgen werden mehr und man ist immer weniger frei.

Im Moment läuft die Firma. Und das tut sie, weil sie so von vom Senior gestaltet wurde. Dazu gehören die Mitarbeiter und die interne Betriebsorganisationen, die Beziehungen zu Lieferanten und natürlich die Kundenbeziehungen. Wichtig sind hier die menschlichen, emotionalen Verflechtungen. Die bestehende Organisation produziert Waren oder führt Dienstleistungen aus. Die Kunden sind zufrieden, sonst würden sie nicht kaufen.
Das alles wurde von Ihrem Vater in der Vergangenheit genauso, wie es ist, aufgebaut. Es waren unzählige große und kleinen unternehmerischen Entscheidungen.

Ihre alleinige Verantwortung wird es in Zukunft sein, die existenziellen Entscheidungen zu treffen. Diese werden oft sehr unangenehm sein. Diese notwendigen Entscheidungen werden Ihre Existenz ausmachen. Und Sie werden schlaflose Nächte haben.

Die Entscheidungen, die von Ihnen und von niemand anderem getroffen und umgesetzt werden müssen, haben nichts mit dem zu tun, was Sie bis heute erlebt haben. Die »Größe« der Entscheidungen wird alles übersteigen was Sie bisher jemals in Ihrem Leben kennengelernt haben. Sie werden diese Entscheidungen alleine treffen müssen. Denn es ist ja auch Ihre Zukunft. Es ist Ihre Verantwortung.

Ihre Kollegen und auch Ihre Familie und selbstverständlich auch Ihr Vater werden Ihnen anfangs zur Seite stehen. Aber letztendlich werden Sie ganz alleine Ihre Entscheidungen treffen müssen. Denn es sind ja auch Sie alleine, der die Verantwortung für Ihr Leben trägt. Sie sind verantwortlich für den Erfolg Ihres Betriebes und damit sind Sie verantwortlich für das Wohl Ihrer Familie. Auch wenn Sie Unterstützung und Rat bekommen werden. Die Entscheidungen werden Ihre sein.
Und wenn sich einmal jemand anders bestimmten Dingen annimmt und Ihnen scheinbar Entscheidungen abnimmt, werden es letztendlich dann doch Ihre Entscheidung sein. Denn letztendlich sind es Sie der alle Entscheidungen zu verantworten hat. Alle Entscheidungen betreffen Sie selbst und Ihre Familie.

Der Job: Manager

Managen kommt von den lateinischen Begriffen *manus* – die Hand und *agere* – treiben, führen, tun. Entsprechend soll der Manager

also Hand anlegen, machen, tun, antreiben und unternehmen. Die Aufgabe des Managers ist es, etwas zur Realität werden zu lassen, das vorher noch nicht da war. Er muss Probleme erkennen, Entscheidungen treffen und diese Entscheidungen umsetzen. Er ist derjenige, der die Leute antreibt, sie organisiert und dadurch Resultate erzielt. Der Manager hält alles zusammen, er gestaltet und kümmert sich um die Umsetzung.
Nach Peter Drucker ist »das Führen von Menschen«, also das Managen, die wertvollste Tätigkeit (im Sinne von Wertschöpfen) die es gibt.

Menschen, die sich organisiert haben, sind zusammen effektiver und effizienter als einzelne. Die Aufgabe des Managers ist es, eine wertschöpfende Organisation zu gestalten und dafür zu sorgen, dass sie das Richtige richtig tut.

Erfolg ist die Summe von richtigen Entscheidungen. Managen ist also weit mehr als nur zu »verwalten« und zu organisieren. Strategisch richtige Entscheidungen müssen umgesetzt werden. Je schneller und je ressourcenschonender desto besser. Der Manager schafft etwas, wo vorher nichts war.

Ich selbst hatte die Möglichkeit ein mehrwöchiges Seminar in St. Gallen zu besuchen. Für mich hat es sich in jedem Fall gelohnt und es hat mir viel gebracht. Es ging dabei um »General Management« – wie sie es nannten. Also um Unternehmensführung im Allgemeinen. Erst in diesem Seminar habe ich gelernt, was ich oben beschrieben habe.
»Managen« war für mich bis dato ein vor allem durch die Medien negativ geprägter Begriff. Bis dato war »der Manager« für mich eher der überbezahlte Mann im Nadelsteifenanzug, der in einem

Konzern im großen Büro mit Sekretärin sitzt und ausbeuterische Entscheidungen über die ihm unterstellte Firma trifft. Er schlängelt sich durch und ist arrogant. Die Arbeit machen die Mitarbeiter. Er schiebt die dicke Kohle ein.

Dass ich selbst in meiner Rolle als Unternehmer ein Manager bin, wollte ich nicht so recht wahrhaben. Eben weil ich ein ganz falsches Bild hatte.

Ich musste erst begreifen, dass der Manager eben nicht so ist, wie gerade beschrieben. Erst in diesem Seminar ist mir dies vollständig klar geworden. Erst in diesem Seminar wurde mir klar, was meine Aufgabe als Unternehmer ist. Nämlich die alleinige Verantwortung Entscheidungen für die Firma zu treffen und diese umzusetzen. Nicht von oben herab und nicht wie mit einer »Fernsteuerung«, sondern tief im Geschehen und zusammen mit allen Mitarbeitern. Mit dem vollen Risiko und mit der vollen Verantwortung. Mit der überlebensnotwendigen Pflicht richtig zu entscheiden und das Richtige zur Realität werden zu lassen, wo vorher noch nichts war.

Gute Ausbildung, wie auch immer – ein akademischer Titel hilft

Es ist natürlich fast schon zu trivial, um es überhaupt erwähnen zu müssen: Der Junior braucht eine fundierte Ausbildung.

Eine abgeschlossene Schulausbildung, eine Lehre, eine Ausbildung zum Techniker oder zum Meister, ein Studium.

Ohne fundierte (theoretische und praktische) Ausbildung ist es ohnehin so gut wie unmöglich, irgendeinen Job wirklich gut zu machen. Besonders einen ganzen Betrieb erfolgreich zu führen, dürfte wohl eher nicht gelingen.

Die schulische (und universitäre) Ausbildung alleine reicht nicht. Wie wir alle wissen, läuft es in der Realität ganz anders, als man es in der Schule gelernt hat.
Mir drängt sich immer de Gedanke auf, dass die Schule dazu da ist, die Schüler so weit zu bringen, dass sie irgendwelche Prüfungsfragen richtig beantworten können. Was dann in der Praxis, also was im richtigen Leben gefordert wird, interessiert in der Schule meist gar nicht.

Arbeit heißt in der Realität: Geld verdienen.

In der Praxis ist die Aufgabenstellung eine ganz andere: In der Praxis muss man Geld verdienen. Die Basis dafür ist echt Wertschöpfung im Sinne von »Wissen, wie man Dinge erledigt«. Mit korrekt beantworteten Prüfungsaufgaben gewinnt man keinen Blumentopf. Das theoretische Wissen hilft im Alltag meist recht wenig weiter. Die Realität ist anders.

Ich war 13 Jahre in der Schule. Grundschule bis K13 Abitur. Dann folgte ein Studium. Ich weiß, wovon ich spreche. Wenn man diesen Weg gegangen ist, dann hat man vom Arbeiten keine Ahnung.

Haben Sie eine Lehre abgeschlossen? Dann geht es Ihnen anders. Dann haben Sie etwas gelernt, indem Sie es praktisch getan haben. Meiner Meinung nach ist das die sehr viel bessere Vorbereitung. Sie wissen, wie das Arbeiten in einem Betrieb funktioniert, und können nicht nur Prüfungsaufgaben beantworten.

Leider spreche ich hier jedoch nicht aus Erfahrung. Ich selbst habe nie eine Lehre absolviert.

In jedem Fall wird es aber notwendig sein, im eigenen Betrieb zu lernen. Und das möglichst »von ganz unten nach ganz oben«. Je detaillierter, intensiver und länger desto besser.

»Sohn ohne Titel« ist schlecht.

»Sohn ohne Titel« ist schlecht. Die Vermutung liegt dann für alle Außenstehenden zu nahe, dass der Junior sich »ins gemachte Nest setzt« und eigentlich selber gar nichts kann. Er wäre dann mit dem Stigma behaftet, Chef zu sein, nur weil er der Sohn von irgendjemanden ist. Jeder müsste denken, dass der Junior nichts kann und nur weil er der Sohn des Inhabers ist, gleich ganz oben an der Spitze anfängt. Für alle Beteiligten wäre das schlecht. Wenn es schon so losgeht, dann kann man es gleich vergessen. Den Ruf wird der Junior nicht mehr los. So wie der ehemalige Lehrling im gleichen Betrieb immer irgendwie »der kleine Lehrling« bleibt, wird der Sohn des Chefs immer der Sohn des Chefs bleiben. Da wieder herauszukommen ist fast nicht möglich. Und wenn es gelingt, dann dauert es eine Ewigkeit.

Ein Abschluss mit Titel hilft da. Und, ehrlich gesagt, sollte das auch schon irgendwo das Mindestmaß sein, das man von einem »würdigen« Nachfolger erwartet. Der Nachfolger sollte in der Lage sein, eine schulische und universitäre Ausbildung erfolgreich zu durchlaufen. Oder würden Sie jemand die Geschäftsleitung übergeben, der nicht mal das Abitur geschafft hat?

Ob es gleich ein akademischer Titel sein muss, sei einmal dahingestellt. Aber vor allem bei Leuten die einen nicht kennen, und das sind ja schließlich so gut wie alle Kunden und alle Lieferanten, hilft ein Titel ungemein.
Je nach Umfeld muss der Titel allerdings passen. Ein »Bachelor of Arts« (Was auch immer das ist.) wird einem im Maschinenbau wohl eher wenig Respekt einbringen. Je nach Position halte ich BWL für in Ordnung bis äußerst passend. Es herrscht aber nach wie vor die Meinung, »BWL ist Studium light«, und »das kann (fast) jeder«. Das ist ein wenig schade, denn als Unternehmer sind es doch gerade die betriebswirtschaftlichen Themen, mit denen man tagtäglich konfrontiert ist.
Für die Reputation im technischen Umfeld ist jedoch in jedem Fall ein technischer Titel wie der Deutsche Dipl. Ing. besser (aus irgendeiner Verirrung ist dieser heutzutage nicht mehr so leicht zu bekommen, weil er durch »Master« und »Bachelor« ersetzt wurde). Vielleicht noch respekteinflößender sind Abschlüsse in Fächern wie Physik oder Mathematik. Mit »Diplomphysiker« auf der Visitenkarte muss man auf jeden Fall niemandem mehr erklären, dass man eben nicht dumm ist.
Es kommt auf die Position an. Im Konzern passt durchaus auch der Jurist. Im medizinischen Bereich der Medizinabschluss und in der Biotechnologie der Biologe. Dass ein Doktortitel immer gut ankommt, steht außer Frage.

Ohne technisches beziehungsweise tiefes fachliches Verständnis geht es nicht. Wie will man die richtigen Entscheidungen treffen, wenn man nicht versteht, was die eigenen Mitarbeiter tun? Ein tiefes fachliches Verständnis braucht man ganz einfach. Ohne geht es nicht.

Nicht mal in der Konzernleitung hat man im technischen Umfeld ohne technisches Verständnis eine Chance. Es werden strategische Entscheidungen verlangt werden. Dazu muss man technologische Entwicklungen am Markt sowie Potentiale der Fertigung, technischen Realisierbarkeiten und den Wettbewerb mit dessen Möglichkeiten verstehen und einschätzen. Das geht nicht nur mit Zahlen. Dazu muss man die eigentlichen Wertschöpfungsprozesse, die Technologien und die Anwendernutzen verstehen. Und damit man sie verstehen kann, muss man sie selbst erfahren haben. Und das geht nur, indem man selbst einmal an der »Werkbank« gestanden hat.

In die Welt hinaus

Die erfolgreichen Menschen, die ich kenne, haben sich die Welt angesehen. Und sie tun das heute noch. Erfolgreiche Menschen schaffen mit neuen Ideen Neues. Kreativität ist eine der Grundlagen. Je mehr man gesehen hat, desto leichter ist es, auf neue Ideen zu kommen.

Ein interessierter junger Mensch gehört in die Welt hinaus. Er muss reisen und unterwegs sein, um sein Interesse zu befriedigen. Wer nachdenkt und sich Gedanken über das Warum und Wieso macht, der kann nicht zuhause bleiben und sein Leben lang das Gleiche tun und das Gleiche sehen. Jemand, der interessiert ist, muss in die Welt hinaus.

Das Reisen ist Teil der Ausbildung. Teil der Ausbildung ist es, anderes zu sehen und zu erfahren. Je mehr und je intensiver desto besser.

Die Welt ist voller Anregungen, voller Ideen, voll neuer Gedanken und neuer Sichtweisen. Andere Menschen an anderen Orten haben andere Denkweisen, andere Kulturen und andere Handlungsansätze. Die Welt in anderen Ländern funktioniert anders als die Welt daheim.
Das, was man gewohnt ist, und das, was für einen selbst normal ist, ist für andere Menschen an anderen Orten nicht normal. Die Welt ist anders. Und die Welt ist dazu da entdeckt zu werden.

Informationen erhält man über Bücher, Videos, das Internet. *Erfahren* dagegen kann man die Welt nur, indem man sie besucht und erlebt. Das geht nicht von zuhause aus. Dazu muss man seine Koffer packen und losfahren.
Die Sixtinische Kapelle ist uns aus Büchern bekannt. Aber es ist ein Unterschied, ob ich ein Foto in einem Buch sehe und zuhause die Texte lese, oder ob ich die Kapelle betrete und *erfahre,* wie der Ort wirklich ist.
Von daheim aus kann mein Geist anhand meiner logischen Fähigkeiten Schlüsse ziehen und Richtig und Falsch erkennen. Das hat jedoch sehr wenig mit Erfahrung zu tun. *Erfahren* kann ich nur mit dem ganzen Körper und nur vor Ort.

Meiner Meinung ist es relativ nebensächlich, ob man gleich eine Weltreise unternimmt und auf Costa Rica Schildkröten rettet oder in Indonesien im Waisenhaus hilft. Ob man nach Seattle geht, um dort bei einer Fabrik im Controlling zu arbeiten oder ob man Werkstofftechniker in Shenzhen wird.
Für die Erfahrungen eines jungen Menschen spielt die tatsächliche Tätigkeit eine relativ untergeordnete Rolle. Wichtig ist, dass man weg ist aus der ein Leben lang gewohnten Umgebung. So dass man sich neu und vollkommen selbstständig neu organisieren

muss. Dass man die Kultur am neuen Ort erfährt und sie nicht nur im Vorbeigehen als Außenstehender (Tourist) beobachtet. Man muss die Kultur am neuen Ort selbst erfahren.
So bietet es sich in jedem Fall an, ein Auslandssemester im Rahmen eines Studiums zu absolvieren. Oder ein Praktikum oder die Diplomarbeit im Ausland. Hat man als junger Mensch die Möglichkeit, dann sollte man reisen, so viel es geht. Je weniger Geld man zur Verfügung hat, desto intensiver wird die Erfahrung sein. Denn desto mehr wird man Kontakt mit den Menschen vor Ort haben.

Oft wurde mir damals gesagt, ich solle reisen und mir die Welt anschauen, solange das bei mir noch geht. Solange ich noch jung bin. Denn später gehe das nicht mehr. Später kommen dann nämlich Firma und Familie und Kinder. Und »dann geht das nicht mehr«.
Das sehe ich nicht so. Der Zusammenhang ist ein wenig anders. Ich denke, dass, wenn man etwas wirklich will, es immer einen Weg gibt, es auch zu tun. Das Problem aus meiner Sicht ist aber, dass man es dann später nicht mehr will. (!!)
Wenn man einmal so weit ist, dass das eigene Leben stabil und ordentlich aufgebaut ist, dann will man nicht mehr weggehen. Selbstverständlich könnte man, aber man möchte es nicht mehr.
Ich würde zum Beispiel niemals meine Kinder aus Lust auf Abenteuer und Erfahrung zuhause zurücklassen. Das wäre schrecklich für meine Kinder und egoistisch meiner Frau gegenüber. Und ich selbst möchte es natürlich nicht, denn meine Kinder und meine Frau würden mir fehlen.
In jedem Fall entgeht mir so jede Menge an Lebenserfahrung. Aber es hilft ja nichts. In meiner jetzigen Situation möchte ich nicht mehr weg. Die Zeit, in der ich reisen mochte, ist erst mal vorbei. Vielleicht kommt sie wieder, wer weiß, aber so, wie es für mich als

junger Mensch war, ist es ein für alle Mal vorbei und wird so nie wieder sein.

Es gibt für alles eine Zeit. Und die Zeit, um sich die Welt in dieser intensiven Art und Weise anzuschauen, liegt hinter mir.
Ich habe daheim meinen Lebensstandard. Und ich bin durchaus über die Jahre zu anspruchsvoll geworden, als dass ich nochmal Lust hätte, bei einer Familie in einem freien Zimmer mit nur einem Bett drin und sonst nichts zur Miete zu übernachten. Das passt nicht mehr, denn daheim würde ich meine Kinder, meine Frau und mein Haus mit Garten zurücklassen. Früher hatte ich noch keine Kinder, keine Frau und kein Haus mit Garten. Früher wohnte ich noch bei meinen Eltern. Damals war es schon OK.
Mittlerweile habe ich durchaus ein Problem damit, in einem 6-Bett-Zimmer mit lauter 20-jährigen Backpackern und jeder Menge Bettwanzen zu übernachten.
Das alles passt nicht mehr wirklich zu mir. Damals tat es das schon. Damals war es cool und OK und es hat Spaß gemacht.
Jetzt würde ich meine Familie und meinen Lebensstandard nicht mehr fürs Backpacken zurücklassen.
Wenn, dann vielleicht, um mich in einem Kloster zu besinnen, oder um auf einer leichten Expedition im Himalaya den Mount Everest zu sehen. So wie früher aber sicherlich nicht mehr.

Heute sehe ich mir nach wie vor gern alles an. Ich habe die Möglichkeit durch Geschäftsreisen an viele Orte zu kommen. Und wenn ich irgendwo hinkomme, dann versuche ich immer ein paar Stunden Zeit einzuplanen, um mir vor Ort etwas anzuschauen.

Ganz grundsätzlich ist das Erfahren wichtig. Das Prinzip ist immer das Gleiche. Ich kann versuchen, in meinem Büro allein durch meine eigene Intelligenz, durch Berichte, Daten und Zahlen meine Geschäftswelt zu interpretieren. Aber wenn ich so vorgehe, dann werde ich mich sehr wahrscheinlich irren. Man muss die entscheidenden Menschen persönlich treffen und mit ihnen sprechen. Man muss die Kunden und Lieferanten besuchen und dort »schauen«. Hingehen und schauen. Man muss die jeweilige Situation erleben, sie verstehen und sie erfahren.

Und wenn man schon vor Ort ist, dann kann man auch gleich herausfinden wie andere die Dinge machen. Nur dadurch erhält man ständig neue Anregungen und neue Ideen. So lernt man dazu und bleibt kreativ. Und das muss man, denn ansonsten überholen einen die anderen.

Englisch

Lieber Junior, können Sie Englisch? – Können Sie nicht. Denn in der Deutschen Schulausbildung lernt man zwar ein bisschen Englisch, aber nicht ausreichend viel und nicht in der Art und Weise, als dass man es anwenden könnte. Sie können kein Englisch. Also müssen Sie es lernen.

Ich selbst habe 9 (!!) Jahre Englisch im Gymnasium gelernt. Englisch war eines meiner Abiturfächer.

Und dann bin ich nach England gegangen und konnte weder mit Leuten reden noch verstehen, was die Leute im Fernsehen sagten, noch Zeitung lesen. Und das nach 9 Jahren Englisch in der Schule. – Glauben Sie mir also: Sie können kein Englisch.

Aber die Sprache der Welt ist nun einmal Englisch. Sie brauchen Englisch. Und wenn Sie es daheim nicht gelernt haben, dann werden Sie es daheim auch nicht mehr lernen. Da der Erfolg Ihrer Zukunft aber signifikant von Ihren Englischkenntnissen abhängig ist,

werden Sie wohl Ihre Koffer packen und eine Zeit lang in einem englischsprachigen Land leben müssen. Um Englisch zu lernen.
Und das müssen Sie tun, bevor es in Ihrem neuen Job losgeht. Sobald Sie Ihre Aufgaben im Betrieb übernommen haben, sobald Sie verheiratet sind und Kinder haben, werden Sie es nicht mehr tun. Weil Sie dann nicht mehr können und auch nicht mehr weg wollen. Sie müssen es vorher tun.
Gehen Sie und bleiben Sie ein paar Monate in einem englischsprachigen Land. Als Mann suchen Sie Sich eine »Girlfriend«, als Frau einen »Boyfriend«. Denn nur dann kommuniziert man wirklich. Und machen Sie nicht den Fehler, an irgendwelchen Sprach-Austausch-Programmen teil zu nehmen. Diese kosten viel Geld und am Ende ist man doch wieder nur mit Deutschen umgeben und lernt im Grunde (fast) gar nichts.

Arbeit? Was ist das?

Senior, sie gehen von sich selbst aus. Und das müssen Sie auch. Aber es ist ein großer Fehler. Gehen Sie nicht von sich selbst aus. Versuchen Sie sich in Ihren Sohn hineinzuversetzen. Ihre Aufgabe ist es, Ihren Sohn zu unterstützen und ihm beizubringen, worum es wirklich geht.

Sie verlangen das, was richtig ist, und Sie verlangen das, was wichtig ist. Sie verlangen Charakter und Stärke und Einsatz und Verantwortung. Besonders von Ihrem Sohn. Sie verlangen Eigenschaften, die für Sie selbst einen hohen Stellenwert haben.
Es ist Ihnen peinlich, wenn jemand aus Ihrer Familie, den Sie auserkoren haben, Ihre Rolle einzunehmen, nicht verkörpert, was Ihnen wichtig ist. Besonders stört es Sie, wenn Ihre Tugenden im von Ihnen geschaffenem Umfeld, in Ihrer Firma, nicht verkörpert wer-

den. Es ist Ihre Firma, Ihr Umfeld, es sind Ihre Tugenden, es ist Ihre Kultur.

Aber:

Senior, Ihr Sohn hat noch keine Ahnung, was Arbeit bedeutet!

Dazu ein wenig aus meiner eigenen Geschichte:
Nachdem ich das Abitur abgeschlossen hatte, musste ich entsprechend der damaligen Gesetzeslage als Wehrdienstverweigerer meinen Zivildienst antreten. Ich fand eine Stelle als Rettungssanitäter auf einem Kranken- oder Rettungswagen.
Im Nachhinein bin ich sehr froh darüber, dass ich einige Monate Zivildienst leisten musste. Freiwillig hätte ich das sicherlich nicht gemacht. Ich wiederhole: Freiwillig hätte ich das damals nicht gemacht, aber im Nachhinein war es eine gute Zeit.
Ich fühlte mich damals »meiner Freiheit« beraubt. Ich musste den Zivildienst leisten. Ob ich nun wollte oder nicht. Ich hatte durchaus ein Problem damit, etwas tun zu müssen, das ich gar nicht wollte. Ich hatte ja nichts falsch gemacht. Offensichtlich empfand ich den Zivildienst als Strafe. Nur für was? Wofür wurde ich bestraft? Eine Ungerechtigkeit. So empfand ich es jedenfalls damals. Ich musste tagtäglich in die Rettungswache, auch teils am Wochenende.

Zu der Zeit hatte ich natürlich andere Dinge im Kopf. Mädchen zum Beispiel, oder Feiern mit Kumpels. Und jede Minute, in der ich in irgendeiner Rettungswache sitzen musste oder an einem

sonnigen Tag im Krankentransporter verbrachte, empfand ich als schlimm.
Heute erinnere ich mich an diese Zeit doch recht gern zurück. Es waren viele Erfahrungen für mich. Und es war alles im allem eine schöne Zeit.

Und ich habe eine wesentliche Erfahrung gemacht. Ich habe gelernt, dass das Leben nicht wohlbehütet ist. Es gibt Dinge, die man tun muss, und Situationen, in die man kommt, die nun einfach mal so sind, wie sie sind. Die Dinge, die man gewohnt ist, sind so, wie sie sind, sie können sich aber auch jeden Tag ändern. Veränderungen sind immer schwierig, meist unangenehm und unbequem. Es läuft manchmal gut, manchmal läuft es aber auch schlecht. Und das ohne dass jemand etwas dafür kann.
Es kann nicht immer nur angenehm sein und es kann nicht immer nur gut laufen. Es geht einem nicht immer nur gut. Die unangenehmen Zeiten kommen und gehen. Man muss sich arrangieren und das Beste draus machen.
Es gibt Zeiten, in denen einem Dinge nicht passen. Da muss man durch. Es hilft nichts. Man muss sich zusammenreißen und durchhalten.

Jungen Menschen fehlt die Erfahrung auf eigenen Beinen zu stehen. Schwierige und unangenehme Dinge wurden immer mit der Hilfe der Eltern gemeistert.
Irgendwann gibt es aber das wohlbehütete Elternhaus in der Form nicht mehr. Mit der eigenen Verantwortung kommt die Klarheit, dass man sich anstrengen muss. Durch die harten Zeiten muss man durch. Jederzeit können sie wiederkommen.
Und es ist notwendig, auch über eine lange Zeit viel zu geben, durchzuhalten und Disziplin zu bewahren.

Ich erzähle das an dieser Stelle, weil ich es für unheimlich wichtig halte, zu verstehen, in welcher Situation sich ein junger Mensch befindet. Was ist dieser junge Mensch gewohnt und was nicht? Was ist für ihn »normal« und was ist für ihr eine Ausnahmesituation? Rückblickend war der Job beim Rettungsdienst natürlich ein sehr guter und einfacher Job. Die Belastung war minimal und ich hatte ja immer noch meine Eltern in der Rückhand und musste mir auch besonders finanziell keine Sorgen machen. – Aber zu dieser Zeit habe ich an so etwas überhaupt nicht gedacht.
Ich kam damals als Sohn und Schüler das erste Mal in eine neue Situation. Ich musste mit einer neuen Situation außerhalb meines beschützten Umfeldes aus Familie und Schule selber klarkommen. Ich hatte mir diese Situation nicht ausgesucht und war überfordert damit umzugehen.
Selbstverständlich hatte ich keine wirklichen Probleme. Aber zu diesem Zeitpunkt war es durchaus schwierig für mich. Denn ich hatte in meinem bisherigen Leben ja noch gar nicht erfahren, was schwierige Probleme überhaupt sind.

Es kommt auf das Alter des Juniors an. Ich habe mit 24 Jahren in der Firma meines Vaters angefangen. Bis zu diesem Zeitpunkt habe ich noch nie wirklich gearbeitet. Ich stand finanziell noch nicht auf eigenen Beinen. So wie das eben meistens ist als Student, Schüler, Zivildienstleistender. Verantwortung war mir aus heutiger Sicht ein Fremdwort. Mein soziales Umfeld, also meine Freunde, Bekannten und die Menschen, die mich umgaben, waren meistens in einer ähnlichen Situation. Dieses Umfeld war ich gewohnt. Ich hatte mich bis dahin nur mit Dingen auseinandergesetzt, mit denen ich mich eben in dieser Umgebung auseinandersetzen musste.

Heute bin ich 36, habe eine Frau, zwei Töchter und ein Haus, eine Firma. Ich bin mir meiner Verantwortung bewusst.
Dinge, die mich früher beschäftigt haben, spielen heute keine Rolle mehr. Genauso, wie mich heute Dinge beschäftigen, die damals keine Rolle für mich gespielt haben.

Wie ist es zu dieser Veränderung gekommen? Kinder, Heirat, und die volle Verantwortung über die Finanzen. Die volle Verantwortung für die Zukunft meiner Familie und die ständige Auseinandersetzung mit den Problemen und Fragen, die sich damit stellen. Die Situation als Unternehmer bringt die Auseinandersetzung mit Dingen mit sich, die im Leben der meisten Menschen gar keine Rolle spielen. Das alles führt dazu, dass der Horizont ein anderer ist als früher. Und das bringt unweigerlich mit sich, dass man sich selbst verändert. Es gibt keinen Weg zurück.

Irgendwo ist es schade, dass ich mich dadurch maßgeblich verändert habe und dass sich entsprechend auch mein Freundes- und Bekanntenkreis verändert hat. Es ist aber unweigerlich eine Folge. In meinem Leben spielen andere Dinge eine Rolle als im Leben der damaligen Freunde und Bekannten. Das ist schade, aber so ist es nun mal. Ich selbst bin ich meiner Situation ein anderer geworden. Ich habe mich über viele Jahre mit den Anforderungen, die sich durch meine Situation ergeben, verändert. Mein Horizont ist ein anderer. Und es ist gut so. Wenngleich ich dadurch auch vieles verloren habe. Die Leichtigkeit eines unbeschwerten Lebens ist vergangen. Aber darüber war ich mir vorher bewusst. Verantwortung bringt Ernsthaftigkeit mit sich. Ich wusste das vorher und habe mich entschieden.

Lieber Senior, gehen Sie nicht von sich aus. Geben Sie Ihrem Sohn Zeit und die Möglichkeit, sich selbst der neuen Situation anzupassen. Das wird nicht von heute auf morgen gehen. Ihr Sohn wird mit und an seinen Aufgaben wachsen. Es wird manchmal schneller gehen, als Sie es sich vorstellen können. Manchmal aber auch sehr, sehr viel langsamer.

Es ist Ihre Aufgabe, als Mentor für Ihren Sohn da zu sein. Stellen Sie ihn mehr und mehr an die Front. In dem Maße, in dem Sie es für richtig halten. Noch ist es ihre Firma, Ihr Lebenswerk, aber mehr und mehr wird es Ihnen beiden gehören. Mehr und mehr wird Ihr Sohn so weit sein, selbstständig die Werte und die Kultur der Firma zu verkörpern und diese selbst zu definieren. Dann beginnt es, dass die Firma mehr und mehr die Firma Ihres Sohnes wird. Ihre Tugenden werden nicht verloren gehen. Aber mehr und mehr wird sich alles verändern sodass es die Werte, die Kultur und die Tugenden Ihres Sohnes werden. Die Firma wird nicht in Ihnen fortbestehen, sondern in Ihrem Sohn.

Ihre Aufgabe ist es, Ihren Sohn zu unterstützen und zu weisen, um so weit zu kommen, dass er in der Lage ist, zu verstehen, was wichtig und das richtig ist. Ganz nach Ihrem Vorbild und ganz nach seiner eigenen Einschätzung.

Die Übergabe dauert lange

Um vorab abzuschätzen, wie lange die Übergabe dauern wird, ist es zuerst einmal nötig, zu definieren, was man unter »Übergabe abgeschlossen« versteht.

Versteht man das Projekt »Übergabe« als abgeschlossen wenn der Senior nicht mehr in die Firma kommt? Oder wenn der Junior zu-

sammen mit dem Senior auf Augenhöhe arbeitet, dem Senior die Firma aber immer noch gehört? Ist die Übergabe abgeschlossen, wenn der Junior die Firma mit neuen Geschäften, neuem Wachstum und neuen Gewinnen erfolgreich führt?
Je nachdem, wird der jeweilige Punkt etwas früher oder später erreicht sein. Meine Erfahrung aber ist: wohl eher etwas später.

Es dauert 10 Jahre bis der Junior so weit ist.

Man muss sich klarmachen, was alles dazugehört, um ein Unternehmen ganz alleine führen zu können.
Sämtliche Unternehmensbereiche und alle dazugehörigen Abläufe muss man im Detail kennen. Das beinhaltet alle Abteilungen mit allen dazugehörigen Aufgaben und Personen. Man muss die Abläufe kennen und sie verstanden haben. Denn Sie sind es, der verantwortlich ist für den reibungslosen Ablauf, für Verbesserungen und natürlich für die Wirtschaftlichkeit. Spätestens wenn irgendwo einmal etwas nicht mehr passt, werden Sie sich sehr genau anschauen, wie alles im Details funktioniert und wer wann was wo macht. Es kann sein, dass Fehler geschehen, die beim Kunden zu Problemen führen, oder es kann sein, dass Dinge zu lange dauern und Kunden warten müssen. Oder es kann sein, dass Ausgaben nicht mehr im Verhältnis zu den Einnahmen stehen. Eventuell werden schlechte Geschäfte abgeschlossen oder zu wenige, oder es wird schlecht gemanagt.
Der Junior muss sich selbst ein System der Unternehmensbewertung aufbauen. Dazu gehören die einzelnen Prozesskontrollen sowie ein allgemeines Finanzcontrolling mit zahlreichen Kennzahlen. Weiter ist es nötig dass der Junior selbst ein Benchmark durch-

führt. Wie ist man im Vergleich zu anderen? Wie liegen die Einzelausgaben im Vergleich zu anderen?

Für das Geschäft wichtige Personen muss man persönlich getroffen und kennengelernt haben. Und um wirklich weiterzukommen, muss man mit all diesen Personen die ersten Aktionen gemeinsam abgewickelt haben. Ein Manager ist nichts ohne seine Kontakte. Diese kommen aber nicht von selbst. Man muss sie selbst aufbauen und bewiesen haben, dass man ein vertrauenswürdiger Partner ist. Denn nur, weil man der Sohn von jemanden ist, heißt das noch lange nicht, dass auch mit einem gesprochen wird. Es sei denn, jemand will etwas. Aber in den für Ihr Unternehmen wichtigen Fällen wollen Sie ja etwas von jemand anderem.

Man muss den Markt kennen. Dazu gehören die Kunden, die Unternehmen, die einmal Kunden werden sollen, und natürlich die Wettbewerber. Man muss die Messen im In- und Ausland besuchen. Und darüber hinaus muss man viele subtile Informationen sammeln, um ein allgemeines Bild der Wirtschaft, des Marktes und der eigenen Position darin zu generieren. Erst dann lassen sich Visionen und Pläne erarbeiten.

Buchstäblich alles, was man als erfolgreicher Unternehmer und Firmenchef braucht, muss man lernen. Das meiste davon hat nichts mit Intelligenz oder theoretischer Ausbildung zu tun.
Gern möchte ich an einem Beispiel erklären, was ich meine: Vor Ihnen auf dem Tisch liegt ein Buch. Was steht drin? Mit reiner Intelligenz können Sie natürlich nicht erfassen, was drin steht. Um zu wissen, was drinsteht, müssen Sie das Buch aufschlagen und es lesen. Am besten von der ersten bis zur letzten Seite. Und das Buch zu lesen dauert nun mal so lange, wie es dauert.

Und genauso ist es auch in einem Betrieb. Man muss die einzelnen Dinge erst gesehen haben, man muss mit ihnen zu tun gehabt haben, man muss die Personen kennen, man muss die Dinge *erfahren.* Das hat wenig bis nichts mit Intelligenz oder Ausbildung zu tun.

Und da ein Betrieb groß ist und komplex, dauert es lange, bis man damit fertig ist.

Die erste Zeit als Junior

Irgendwann kommt der Tag, an dem die Ausbildung abgeschlossen ist. Der erste offizielle Arbeitstag ist da. Der erste Tag ist ganz unspektakulär. Es passiert nichts Besonderes. Eigentlich. Der Junior kommt in die Firma und ist da. Viel machen kann er ja noch nicht. Aber wo was zu finden ist und welche Leute da sind, weiß er schon.

Jeder kennt ihn. Jeder kennt den Sohn des Chefs. Und jeder weiß, dass er einmal die Firma übernehmen soll. Aber so richtig kennt ihn natürlich niemand. Besser wäre es zu sagen: Jeder beobachtet ihn.

Vorher wurde ausgemacht, wo der neue Arbeitsplatz des Juniors ist. Ein Schreibtisch mit Computer und Telefon. Da setzt er sich hin und schaltet seinen PC ein. Und dann?

Und dann … Da ist die Frage. Denn der Junior wurde ja nicht eingestellt, um einen bestimmten Job mit bestimmten Aufgaben und Verantwortungen zu erledigen. Sondern er kommt mit dem Ziel, einmal die komplette Firma zu leiten. Was tut er also an seinem ersten Arbeitstag?

Als Junior ist es schwer. Sehr schwer.

Über die Jahre habe ich in meinem engeren persönlichen Umfeld kein einziges Mal jemanden getroffen, der mit mir hätte tauschen wollen. Vor allem die erste Zeit hatte es in sich. Und später? Nun, das Leben eines Unternehmers ist nicht das Richtige für jeden. Finanzielle Möglichkeiten und die quasi-Freiheit in der Selbstständigkeit wiegen die Verpflichtungen und Sorgen sowie das Risiko vielleicht auf. Vielleicht aber auch nicht. Sicherlicht nicht für jeden. Man muss der Typ dazu sein. Sonst geht man an der Situation kaputt. Nach wie vor ist es auch noch heute so, dass die wenigen Menschen, die mich hinreichend gut kennen, wohl eher nicht mit mir tauschen wollen würden.

Besonders in der Anfangszeit war es sehr hart. Das, was mich am meisten belastete, war es, permanent wie auf einer Bühne zu stehen. Jeder beobachtet einen, dauernd. – Ja, ich denke das trifft die Situation ziemlich genau. Als Junior-Chef steht man unter permanenter Beobachtung und Prüfung.

Das ist natürlich heute immer noch so. Auch heute strengt es noch an. Aber ich habe mich natürlich in der Zwischenzeit daran gewöhnt. Mein Ego ist heute ein anderes als damals, ich bin älter und ich habe gelernt, damit umzugehen. Meine Position ist eine ganz andere als damals.

Wenn der Chef im Raum ist, dann wird sich so gut wie niemand einfach weiter so verhalten, wie wenn der Chef nicht im Raum ist. Das ist schon klar. Der Chef ist die mächtigste Person in der Firma, und es ist besser, wenn man ein bisschen aufpasst.

Und man beobachtet den Chef. Was ist der für ein Typ? Was will er? Wie steht er zu mir? Findet er mich gut? Lässt er mich machen? Ist er zufrieden mit mir? Und wie ist er heute drauf? Und bin ich eigentlich mit meinem Chef einverstanden?

Eher selten werden die Mitarbeiter darüber nachdenken, wie sich der Chef dabei fühlt. Das müssen sie auch nicht. Trotzdem macht es das für den Chef nicht weniger anstrengend (die wenigsten Chefs werden das zugeben).

Als Chef ist man selten Kollege. Man ist Chef, auch wenn man fast zu jedem ein kollegiales und freundschaftliches Verhältnis hat. – Das sollten alle Juniorchefs vorab wissen. Kollegen sind Kollegen. Chefs sind Chefs. Die Steigerung von Chef ist dann vielleicht noch »Inhaber«. Bei Inhabern wird es meistens ein wenig einfacher …

Für mich war diese Konstellation immer ein wenig absurd. Meine Position als Chef hat meist festgeschrieben, wie das Verhältnis zu den Menschen in meiner Umgebung ist. Wie absurd! Denn ich bin nach wie vor ein ganz normaler Typ. Treffe ich Menschen rein »privat«, sodass sie erst gar nicht erst erfahren, dass ich Unternehmer und eben Chef bin, dann ist das Verhältnis »normal«. Natürlich. Denn ich bin ja ein ganz normaler Typ.

Bereits ab der ersten Sekunde im Unternehmen ist der Junior per Definition in der Position des Chefs. Obwohl er noch überhaupt noch nichts kann und noch nichts weiß. Weder kann er irgendwelche tägliche Arbeit leisten, noch kann er Entscheidungen treffen. Er kann gar nichts. Trotzdem ist er Chef.

Das ist schon fast ein Dilemma. Denn jeder verlangt vom Chef, dass er Verantwortung übernimmt, Entscheidungen trifft, hilft und unterstützt und am besten alles kann. Aber der Junior kann doch noch gar nichts. Es ist schwer mit einem solchen Chef umzugehen.

Auch wenn der Junior anfangs »normal« mitarbeitet, quasi um sich einzuarbeiten, dann werden an ihn dennoch die höchsten Maßstäbe gestellt. Erfüllt er diese nicht, dann wird er es schwer haben, den für ihn als Chef nötigen Respekt zu erwerben oder zu halten. Er müsste im operativen Job von der ersten Sekunde an schneller, cleverer und besser sein als jeder »Kollege«, dann hätte er eine Chance. So eher nicht. So läuft er Gefahr als »Der ist eben der Sohn des Chefs« abgestempelt zu werden.
Als Junior wird man niemals die gleiche Unterstützung bekommen wie jemand, der neu eingestellt wird. Niemals. Im Gegenteil, man wird doppelt, aber mit erhöhter Vorsicht und großem Respekt auf die Probe gestellt.

(...) Nach wie vor sind wir aber beim ersten Arbeitstag. Wir möchten die Frage beantworten, wie der beste Start aussieht. Und wir möchten vermeiden, dass Fehler gemacht werden, die die Position und das Vorankommen des Juniors gefährden. Wie machen wir das?

Verwenden Sie immer unternehmerische Aufgabenstellungen!

Die Firma läuft. Der Senior und alle Mitarbeiter sind da und haben ihre Arbeit. Die Firma erwirtschaftet Erträge. Die tägliche Arbeit wird erledigt. Eigentlich wird gar kein zusätzlicher Manager gebraucht. Was tut der Junior also? Was tut ein zusätzlicher Manager, wenn doch alles läuft?

Natürlich braucht er Aufgaben. Er braucht neue Aufgaben, weil eigentlich keine Arbeit ansteht, die nicht schon erledigt wird. Und man sollte wirklich vermeiden, dass der Sohn des Chefs in der Firm ist und nichts zu tun hat, richtig?

Senior, rätseln Sie, welche Aufgaben das sein könnten? Sie haben keine Aufgaben? Doch, haben Sie.
Natürlich gibt es in jedem Unternehmen Aufgaben. Aber nicht immer im operativen Tagesgeschäft. Sehr wohl gibt es hingegen Aufgaben, die noch viel wichtiger sind als die täglichen Aufgaben im operativen Geschäft. Es sind die Aufgaben, die die Firma wirklich weiterbringen. Es sind die unternehmerischen Aufgabenstellungen. Diese sind von der ersten Minute an die richtigen für den Junior.
Lassen Sie mich auf diesen so wichtigen Punkt ein wenig tiefer eingehen. Vielleicht finden Sie sich in meinen Erfahrungen wieder.

Leider habe ich mehr als einmal einen bestimmten Fehler bei der Neueinstellung von Managern (bei uns heißen sie meistens »Bereichsleiter«) gemacht. So habe ich zum Beispiel einen Mann eingestellt, um die hierarchische Position im Organigramm mit der Gesamtverantwortung für einen Organisationsbereich zu besetzen. Einen Bereichsleiter eben. Mit dem Mann wurde im Vorfeld oft gesprochen. Darüber, wo die Firma steht und wo sie hinmöchte. Wie die aktuelle Situation im zu managendem Bereich aussieht und was man sich vorstellt. Welche Probleme es gibt und wie man diese lösen könnte. Und darüber, was die allgemeinen Aufgaben als Bereichsleiter sind.
Kurzum: Ich habe einen Bereichsmanager an eine verantwortliche Position gesetzt mit der Aufgabe: »Kümmere dich um den Bereich.

Du bist der Verantwortliche und der Ansprechpartner für alles in diesen Bereich. Du bist der Chef des Bereichs.«
Ich wiederhole: Die Aufgabenstellung lautete: »Kümmere dich um diesen Bereich.« – Und genau damit habe ich sehr schlechte Erfahrungen gemacht. Den Grund, warum das nie so richtig geklappt hat sehe ich heute in a) jeweils einer Fehlbesetzung aus unterschiedlichen Gründen, aber vor allem in b) fehlenden unternehmerischen Aufgabenstellungen und messbaren Zielen. Auf b) möchte ich im Folgenden näher eingehen.

Diese unklare Aufgabenstellung hat eigentlich so gut wie immer dazu geführt, dass die Manager aus meiner Sicht »herumgewurstelt« haben und nicht wirklich etwas dabei herausgekommen ist. Ich musste mir dann immer wieder die Frage stellen, weshalb »ich mir« eigentlich einen Mann für so teures Geld leiste, wo doch keine wesentlichen Ergebnisse zustande kommen. Die Firma macht keine höheren Umsätze, die Einkaufspreise sind unverändert, wir haben die gleichen Kosten (bis auf das zusätzliche Gehalt des Managers) und wir haben auch keine höhere Kundenzufriedenheit.
Warum brauche ich also einen teuren Mann, der zusätzlich »herumwurstelt«, wo doch vorher die Leute auch schon ihre Arbeit gemacht haben? – Leichte Antwort: Brauche ich nicht.

Warum passiert das? – Offensichtlich ist es extrem schwer, die unternehmerisch wichtigen Dinge von den Unwichtigen zu unterscheiden. Folglich ist es mindestens genauso schwer, unternehmehmerische Ergebnisse zu erziehen.

Ich habe lange Zeit gebraucht, um das einzusehen und als Faktum anzuerkennen. Für mich war es lange Zeit eine sehr klare Überzeugung, dass man einen »guten Mann« nur an eine verantwortungsvolle Stelle »setzen« muss, der »dann schon wisse« was zu tun ist. Im Allgemeinen ist das aber eben nicht so.

Es gibt natürlich Ausnahmen. Es gibt in der Tat Leute, die kann man mit Verantwortung und einer entsprechenden Position ausstatten und die marschieren los und bringen die Firma nach vorne. Diese »Macher« gibt es. Wenn Sie in Ihrem Umfeld solche Leute haben sollten, ... dann umso besser! Lassen Sie diese Mitarbeiter machen! Kontrollieren Sie ab und an nur ob die Richtung noch passt. Der Rest passiert von ganz alleine.
Meiner Einschätzung nach ist ein solches Glück aber nur Zufall, oder besser ausgedrückt: das Aufeinandertreffen von mehreren glücklichen Zufällen.

Böse gesprochen könnte man auch sagen: Wenn jemand derart unternehmerische Fähigkeiten hat, warum ist dieser jemand dann nicht schon längst eigenständiger erfolgreicher Unternehmer?

Ganz so einfach ist es sicherlich nun auch wieder nicht. Aber in jedem Fall bin ich überzeugt, dass es für den Erfolg einer Managementposition essenziell ist, a) klare unternehmerische Aufgaben zu definieren und b) messbare Ziele zu vereinbaren.

Je klarer die Aufgabenstellung formuliert ist, desto wahrscheinlicher werden gute Ergebnisse erzielt.
Die Einigung auf »Messgrößen« ist wichtig, denn nur so kann während der Umsetzung auf einer klaren Basis miteinander über den Fortschritt gesprochen und beurteilt werden.
Man könnte sich beispielhalft vielleicht Folgendes vorstellen...

Ziel:	Innerhalb der nächsten 6 Monate unsere Einkaufskonditionen in der Warengruppe X um 10% verbessern.
Messgröße:	Durchschnittlicher letzter Einkaufspreis mit Gewichtung der Mengen der letzten 3 Monate aus der Warengruppe X.
Ziel:	Im Zeitraum von 6 Monaten alle schlechte Geschäfte unter Berücksichtigung der Kundenbeziehungen einstellen beziehungsweise die Preise anpassen.
Messgröße:	Anzahl der Rechnungspositionen mit Deckungsbeitrag 1 unter 5%. Soll = 10%.
Ziel:	Innerhalb von 6 Monaten eine Person in der Abwicklung einsparen, indem Prozesse automatisiert werden.
Messgröße:	Personalkosten im relevanten Bereich.
Ziel:	Alle Kundenaufträge innerhalb von 3 Tagen mit Termin bestätigen. (Und dann diesen Termin auch zu 98% einhalten.)
Messgröße:	Termintreueauswertung als Kennzahl aus der EDV.

etc.

Immer wieder habe ich in Managementbüchern gelesen, dass es sehr leicht sei Menschen zu unterfordern. Und dass es sehr schwer sei, Menschen zu überfordern. Man solle Aufgaben wählen, die ein wenig zu groß für die jeweiligen Mitarbeiter sind. Dann solle man unterstützen und Unterstützung organisieren. Die Menschen würden dann an und in ihren Aufgaben wachsen. So würden die besten Ergebnisse erzielt werden und die Leute wären motiviert und kreativ.
In meiner täglichen Erfahrung habe ich das leider so nicht nachvollziehen können. Und Sie wahrscheinlich auch nicht.

Sicherlich dürfen Aufgaben und Arbeitsinhalte nicht unterfordernd sein. Das wäre fatal. Man hätte zu hohe Gehaltskosten und absolut demotivierte Mitarbeiter.
Aber meine Erfahrung zeigt, dass die Aufgabe zum jeweiligen Typ Mensch, also zum jeweiligen Charakter passen muss. Je unternehmerischer die Aufgabenstellungen sind, desto schwieriger wird es, die passenden Leute dafür zu finden.
Chef sein, Verantwortung tragen (Macht haben) und in Eigeninitiative und weitgehender Freiheit Geld verdienen ... Das sind verlockende Positionen für die meisten Menschen.
Diese Position dann aber erfolgreich einzunehmen, das gelingt nur den allerwenigsten.

Wenn ich den letzten Absatz schreibe, muss ich mich mit der Frage konfrontieren, weshalb ich denn nun der Meinung sei, dass ich diese schwierigen Aufgaben so besonders gut meistere. Wie kann ich mir selbst anmaßen, etwas zu können und zu behaupten, dass viele es nicht können? Wie kann ich behaupten, dass ich Fähigkeiten habe, die andere nicht haben? – Denn ich selbst habe diesen Job geerbt!
Nun, ich habe mir lange Zeit gelassen, um mir selbst schlussendlich einzugestehen, dass es offensichtlich so ist, dass ich bestimmte Dinge besser kann als andere. Die Betonung liegt aber ausdrücklich auf »bestimmte« Dinge. Vieles können andere Leute sehr viel besser als ich.
Es sind die unternehmerischen Aufgaben und Verantwortungen, die ich offensichtlich besser beherrsche als viele. Woran liegt das wohl?
Sicherlich habe ich einen bestimmten Grad an Talent mitgebracht. Meine Veranlagung ist ein Teil davon, aber sicherlich größtenteils

ist mein Talent auf meine Prägung in einer Unternehmerfamilie zurückzuführen. Das reicht aber nicht.

Ich selbst hatte eine bessere Ausbildung und mehr Zeit für »Versuch und Irrtum«, als jedem anderen eingestanden wird. Ich bin seit über 10 Jahren ausschließlich mit den Fragestellungen, den Aufgaben und Verantwortungen eines Unternehmers konfrontiert. Ich hatte mehr als 10 Jahre Zeit, Erfahrungen zu sammeln und aus Versuch und Irrtum zu lernen. Ich konnte beobachten und hatte Mentoren. Vor allem hatte ich meinen Vater, bei dem ich mir so vieles abschauen konnte.

Und natürlich hatte ich über so lange Zeit die massive Motivation mit unternehmerischen Fragen und Aufgabenstellungen richtig umzugehen.

Am Ende stellt sich noch die Frage, ab welchem Zeitpunkt ein Nachfolgeunternehmer in der Lage ist, solche Aufgaben umzusetzen. Wie lange soll man warten, um den Junior mit unternehmerischen Aufgaben zu betrauen? – Nun, für mich stellt sich diese Frage eben gar nicht. Denn der Junior muss sowieso früher oder später in der Lage sein, Aufgaben dieser Größenordnung vollkommen alleine und ohne Hilfe des Seniorunternehmers zu meistern. Besser jedoch früher als später. So stellt sich die Frage nach dem Zeitpunkt überhaupt nicht. Der Junior muss sofort damit beginnen. Und der Senior muss dem Junior dabei helfen.

Learning by doing.

Oder wie andere es ausdrücken: »ins kalte Wasser werfen.« Wobei ich da anderer Meinung bin. Diese Formulierung ist schlecht. Denn jemanden ins kalte Wasser zu werfen und dort »alleine rudern« zu lassen, bringt gar nichts. Jemanden eine Aufgabe zu übertragen, die ein wenig zu groß für ihn ist, hingegen schon. Sichergestellt muss nur sein, dass derjenige genügend Ressourcen, genügend Erfahrung und genügend Unterstützung hat, um die Aufgabe überhaupt meistern zu können. Und dann muss er sich »durchbeißen«. Denn das muss er sowieso.

Einheit zu zweit

Besonders am Anfang beobachten viele Leute Vater und Sohn. Sehr genau wird registriert, was zwischen den beiden passiert, und besonders, wie sie miteinander auskommen. Also ist es durchaus schlecht, wenn von beiden im Geschäftsumfeld der gleiche Umgang gebraucht wird wie im Privaten. Man muss sich umstellen. Man wird sich umstellen.

Weiter wird besonders die eigene Belegschaft jeden persönlichen Konflikt zwischen Senior und Junior wie ein Schwamm aufsaugen. Die Folgen sind nie wirklich abschätzbar. Noch schlimmer sind persönliche Konflikte wenn sie nach außen hin, zu Kunden und Lieferanten und anderen Geschäftspartnern, sichtbar werden.

Ziegen Sie nach außen Einigkeit!
»Keep the Emotions out of the Business«

Mein Tipp: Halten Sie die Klappe. – Wiedersprechen Sie sich nicht, solange andere mit dabei sind. Die Vorgänge sind nämlich geduldiger, als Sie denken. Eine falsche Aussage ist vielleicht ärgerlich, aber ihre Konsequenzen sind normalerweise vernachlässigbar. Was jedoch nachhaltigen Schaden anrichtet, ist, wenn nach außen die Botschaft kommt: »Vater und Sohn sind sich nicht einig.«

Junior, Ihr Vater hat die Firma über so viele Jahre erfolgreich geführt. Auch wenn er neben Ihnen einmal etwas sagt, das Ihnen so gar nicht passt. – Ganz so schlimm wird es dann doch wohl nicht sein, oder? Sonst wäre er wohl nicht so weit gekommen.

Sie werden zu einem späteren Zeitpunkt immer die Möglichkeit haben, zusammen über das, was gesagt wurde, und das, was passiert ist, nochmals in Ruhe zu sprechen. Sie können dann Ihre gemeinsame Richtung neu definieren und die Konflikte hinter verschlossener Tür austragen. Dort, wo niemand mithören kann. Das sollten Sie so oft tun, wie es notwendig ist. Und vielleicht noch öfter.

Vater und Sohn: Reden Sie miteinander!

Als Senior und Junior werden Sie ab dem ersten Tag am selben Strang ziehen. Diese Einheit in der Führung im Familienunternehmen ist essenziell. Konflikte, die eben nicht sachlich sind, dürfen Ihr Chefbüro nicht verlassen.

Mein Tipp an dieser Stelle ist folgender: Treffen Sie Entscheidungen ausschließlich analytisch und nicht emotional. Treffen Sie Ihre Entscheidungen logisch und auf Basis von Fakten. Und nicht weil irgendwer irgendwas denkt oder zu wissen glaubt oder jemanden oder etwas nicht mag oder etwas nicht kann. Den Leuten da draußen ist es nämlich ziemlich egal, ob Sie ein Familienunternehmen oder eine Wohlfahrtorganisation oder sonst etwas sind. Die Leute da draußen wollen Ihre Produkte und Dienstleistungen. Mehr nicht.

Vor allem Alleingänge sind ein Problem. Bisher haben Sie sich als Senior in Ihrer Firma vollkommen eigenständig bewegen können. Ihnen ist etwas eingefallen und Sie sind zu einem Ihrer Mitarbeiter gegangen und haben eine Anweisung gegeben. – Jetzt funktioniert das so nicht mehr.
Denn es ist ziemlich wahrscheinlich, dass Ihr Sohn sich bereits mit dem gleichen Problem beschäftigt hat und eine ganz andere Lösung anstrebt. Ihr Kommando an diesen einen Mitarbeiter könnte ein Widerspruch zum Plan Ihres Sohnes sein. Das Gleiche gilt natürlich für den Junior. Kurzum: Sie beide müssen sich immer und immerzu auch über kleine Details abstimmen und zusammen agieren.

Durchaus problematisch ist auch die »Da gehe ich direkt zum Chef«-Vorgehensweise der Mitarbeiter.
Jeder geht dahin, wo er weiß, dass er kriegt, was er möchte. Also geht der eine zum Seniorchef, wenn er hofft, dort weiterzukommen. Der andere geht zum Juniorchef, wenn er sich dort mehr erhofft. – Das ist ein Problem.
Nicht, dass die Mitarbeiter die Chefs ausspielen würden. Nein, das wäre ja Vorsatz und das kommt in der Realität wirklich nur ganz selten vor. Es passiert etwas Fatales. Der eine Chef sagt etwas anderes als der andere. Und er zerstört damit die Planung des anderen.

Nicht abgestimmte und unkoordinierte Aussagen und Kommandos bringen Unruhe. Sie machen die beiden Chefs unglaubwürdig. Sie sind überflüssig und peinlich und verzerren die Einigkeit.
Als die beiden Chefs müssen Sie sich zu gleichen Thematiken immer sehr gut austauschen und abstimmen oder die Ressorts sehr klar trennen.

Ab dem Eintritt des Juniors gilt: zwei Chefs!

Als Vater dem eigenen Sohn in der Rolle eines Lehrers oder Mentors Dinge zu erklären ist die eine Sache. Das wird relativ problemlos funktionieren. Schließlich sind Eltern ja gewohnt, sich um ihre Kinder zu kümmern und ihnen was beizubringen.
Viel schwieriger wird es jedoch, wenn der Vater plötzlich gemeinsam mit seinem Sohn quasi auf Augenhöhe agieren soll. Und, lieber Senior, das müssen Sie in der jetzigen Situation.
Die Mitarbeiter sehen den Juniorchef vielleicht noch als Junior, aber immerhin als Chef. Und als »Mann der Zukunft auf Probe«.

Es muss aufgrund dieser Konstellation vollkommen egal sein, ob der Senior oder der Junior mit jemandem spricht, Aussagen macht und etwas entscheidet. Senior, Sie sind jetzt nicht mehr alleine!

Sie führen die Firma ab dem Eintritt Ihres Sohnes nicht mehr alleine, sondern zu zweit, zusammen mit Ihrem Sohn. Und das auch, wenn Ihr Sohn überhaupt noch nicht in der Lage ist, die Firma so gut wie Sie selbst zu führen. Trotzdem: Ab dem Eintritt Ihres Sohnes führen Sie die Firma gemeinsam.

Und das führt unweigerlich zum Problem, wenn Sie als Senior weitermachen wie bisher. Sie müssen Ihren Sohn in alles, was Sie tun, mit einbeziehen. Er muss im Prinzip immer mit am Tisch sitzen.

Der Junior muss alles wissen.

Lieber Senior, ich weiß, es fällt schwer, mit den eigenen Kindern plötzlich über die persönlichen Motive, den Lebensweg und über das, was gut und was schlecht war und ist, zu sprechen. Es ist nicht leicht. Aber in dieser Hinsicht ist es absolut notwendig.

Meine eigenen Kinder sind noch klein und so habe ich selbst die entsprechende Erfahrung noch nicht gemacht. Aber es scheint so zu sein, als ob es eine Zeit gibt, in der Eltern und Kinder nicht mehr so ganz zulassen, den anderen in ihr Inneres blicken zu lassen.
Aber genau das ist bei einer Unternehmensübergabe absolut erforderlich. Der Sohn ist ja kein »fremder« Geschäftsführer, den man für bestimmte Aufgaben »bestellt«. Der eigene Sohn ist der eigene Sohn und einmal mehr kommt zum Tragen, dass man im Familienunternehmen eben niemals so wirklich zwischen Arbeit und Privat trennen kann. Merkwürdigerweise scheint es leichter zu sein, einem fremden Geschäftsführer die eigene Situation zu erklären als dem eigenen Sohn. Und umgekehrt.

Senior, springen Sie über Ihren Schatten! Es hilft ja nichts. Und es macht alles nur viel einfacher.

Sprechen Sie mit Ihrem Sohn über alles, was er wissen muss. Was hat Sie bewegt, das zu tun, was Sie getan haben? Ihre Motivation und Ihre Gründe zu den einzelnen Entscheidungen. Ihr Sohn braucht diese Informationen. Um zu verstehen und um alles richtig erfassen und interpretieren zu können. Er lernt seinen Vater jetzt in »seiner natürlichen Umgebung« kennen. Diese ist anders als das Private in der Familie daheim. Das ist etwas Neues.
Es gibt keine geheimen Informationen, Auswertungen, Zahlen, Geschäfte oder Absprachen mehr, von denen nur Sie etwas wissen. Sie müssen dieses Wissen mit Ihrem Sohn teilen. Er muss alles wissen. Denn er hat ja auch die Verantwortung für die Zukunft. Wie könnte Ihr Sohn seiner Verantwortung gerecht werden, wenn es fehlende Informationen gibt?
Stellen Sie sich vor, dass Sie ja vielleicht schon bald nicht mehr da sein werden. Was soll Ihr Sohn tun, wenn Sie nicht mehr da sind? Wie soll er die richtigen Entscheidungen treffen, wenn er die relevanten Informationen gar nicht hat?
Das fängt bei den Besitzverhältnissen an, über die Kontostände, laufende Kredite im Detail, Gehaltslisten, alle Buchungsstände aus der Buchhaltung, Controllingzahlen, Abschreibungen, Historiendaten bis zu Absprachen und Verträgen mit Geschäftspartnern und auch Mitarbeitern. Und so weiter …

Ihr Sohn muss möglichst viele Geschäftspartner persönlich kennen. Es ist Ihre Aufgabe als Senior, ihn einzubinden und dafür zu sorgen, dass auch Ihr Sohn diese Leute persönlich kennt und laufend mit ihnen zu tun hat. Ihr Sohn braucht ein Netzwerk, das nur Sie ihm »übertragen« können.
Hierbei ergibt sich ein kleines Problem. Die wichtigen Geschäfte werden von »Seniors« gemacht. Also meist zwischen Männern, die Erfahrung und persönliche Reife und eigentlich immer ein be-

stimmtes Alter haben. Je älter, desto »einflussreicher«, würde ich sagen. Jetzt ist es natürlich problematisch, wenn ein 24-Jähriger »Jungspund« mit einem 58-Jährigen erfahrenen und erfolgreichen Unternehmer verhandeln soll. Das wird nicht klappen.

Es ist die Aufgabe des Seniors, den Aufbau des Netzwerks seines Sohnes zu begleiten und zu betreuen. Denn der Senior kennt ja die unterschiedlichen Personen sehr gut. Und er kann beurteilen, ob »es passt«, sie jetzt schon dem Junior vorzustellen oder eben noch nicht sondern ein wenig später.

Grundsätzlich bin ich aber der Meinung, dass man lieber warten sollte, bis »der Junior so weit ist«. Man sollte so lange warten, bis er ein bestimmtes Alter, eine bestimmte Erfahrungstiefe und eine bestimmte Charakterreife hat. Ohne dass eine gewisse »Ebenbürtigkeit« den Senior-Geschäftspartnern gegenüber vorhanden ist, braucht der Junior gar nicht erst loszufahren. Er würde nicht ernst genommen werden und die Dinge, die ausgemacht werden, wären eher nachteilig für Ihre Firma.

Kultur

Der Begriff »Kultur« bedeutet umgangssprachlich so viel wie »So, wie man es macht.«

Meist wird der Begriff seiner Bedeutung nach auf Völker oder Volksgruppen bezogen. Italien hat zum Beispiel eine andere Kultur als Deutschland. Und China hat eine andere Kultur als Europa. Bayern sind ein wenig anders als Schwaben, und so weiter. – Jeweils dort macht man »es« so, und hier macht man »es« anders.

Die Art, wie man höflich miteinander spricht, ist anders, wie man die Häuser baut, ist anders, welche Musik man hört, ist anders. In den Supermärkten gibt es in anderen Ländern andere Lebensmittel zu kaufen und in China essen sie weniger Pizza als in Italien. In

Bayern trägt man auf Bierfesten Lederhosen und in den USA auch. Aber aus ganz unterschiedlichen Gründen. – Kultur bedeutet umgangssprachlich so viel wie »So wie man es macht«.

Und genauso, wie jedes Land eine eigene Kultur hat so hat auch jedes Unternehmen eine eigene Kultur. – »Wir bei der Firma XY machen das so.«
Bei der Firma XY ist die Art, miteinander zu kommunizieren, ein klein wenig anders als bei der Firma YZ. Die Firma YZ verhält sich auch bei der Kommunikation mit den Kunden und Lieferanten ein wenig anders als die Firma XY. Jede der beiden Firmen hat eine besondere und für diese Firma typische Art und Weise sich zu verhalten. Jede Firma hat ihre eigene Kultur.

Die Frage ist nun, woher diese Kultur stammt. – Die Antwort beim Familienunternehmen ist leicht: vom Chef!
Der Chef ist es, der direkt, oder später auch indirekt, alle Mitarbeiter eingestellt und damit ausgesucht hat. Der Chef ist es der die Kultur vorlebt und der sehr schnell reklamiert, wenn sich jemand nicht entsprechend seiner eigenen »Kulturvorstellungen« verhält. Man könnte auch sagen: *Der Chef gibt im Familienunternehmen die Kultur vor.*

Was passiert nun aber, wenn es einen neuen Chef gibt?

Die Firmenkultur wird sich verändern.

Ganz klar wird beim Übergang auf den Junior eine etwas veränderte Kultur ins Unternehmen kommen. Diese Veränderung wird weniger drastisch ausfallen als beispielweise beim Verkauf des Unternehmens, denn man hat es ja nicht mit einem »Außenstehenden« als neuem Chef zu tun, sondern mit dem Sohn des Gründers. Als Sohn wird er dem Vater einigermaßen ähnlich in seinem Verhalten sein. Trotzdem wird der »Kulturwandel« deutlich spürbar sein.

Die Mitarbeiter, Kunden, Lieferanten und alle anderen Geschäftspartner werden sich mit einer jetzt etwas anderen Firmenkultur konfrontiert sehen.
»Der Junge ist ein (ganz) anderer Typ.« – habe ich in meinem Fall öfter gehört. Und ob das jetzt gut oder schlecht ist, sollen diejenigen beantworten, die es gesagt haben und vielleicht noch sagen werden.

Eine Veränderung ist vollkommen in Ordnung. Und sie lässt sich in keinem Fall vermeiden. Doch wird sie einigen Leuten nicht gefallen. Aber es gibt leider keine Alternative. Zu versuchen, die »alte« Kultur weiter »nachzuahmen«, wäre aus meiner Sicht der vollkommen falsche Weg. Es wäre ein großer Fehler.

Mir erscheint es am sinnvollsten, die neue Kultur zu leben, dies aber vollkommen authentisch!
Nur wenn etwas schlüssig, stimmig, ehrlich und echt ist, wird es funktionieren. Der Junior kann den Senior nicht imitieren. Er muss seinen eigenen Weg finden. Seinen eigenen Stil. Nur so wird es möglich sein, dass jeder weiß, an »was und wem er ist«.

Besonders Acht gegeben werden sollte hier aber auf die Kundenbeziehungen. Die entscheidenden Mitarbeiter bei den Kunden »kennen« Ihre Firma mit einer ganz bestimmten Kultur. Ändert

sich hier etwas nur geringfügig, dann wird dies mehr oder weniger verstörend für diese Mitarbeiter sein. Die Konsequenzen sind wiederum schwer abzuschätzen.
Mein Tipp daher an den Junior: Setzen Sie sich ins Auto und fahren Sie hin! Treffen Sie die Leute dort und lernen Sie sie kennen. Geben Sie ihnen die Hand, stellen Sie sich vor und treten Sie in Erscheinung. Dann wird es auch keine Probleme geben.

Leitende Mitarbeiter

Selbstverständlich ist das Verhältnis zwischen Vater und Sohn für die erfolgreiche Übergabe das Entscheidende. Aber sie ist nicht das Einzige, worauf man maßgebliches achten muss.
In jedem Unternehmen gibt es langjährige Mitarbeiter, die wesentlich zum Erfolg beigetragen haben. Diese Kollegen sind dem Unternehmen und auch dem Senior gegenüber äußerst loyal. Nicht zuletzt deshalb, weil der Erfolg des Unternehmens auch zum großen Teil ihr eigener Erfolg ist. Irgendwo ist alles auch ein Stück »ihres«.

Es wäre naiv zu glauben, dass die Unternehmensnachfolge vom Senior als Inhaber bekannt gegeben wird und dann jeder mit dem neuen Chef einverstanden ist.

Nein. In der Realität ist alles viel komplizierter.

Jeder steht hinter der Veränderung.
Aber nur solange, bis sie ihn selbst betrifft.

Als neuer Chef, mit der ganzen Verantwortung, wird es nicht lange dauern, bis auch mit langjährigen, erfahrenen und erfolgreichen Mitarbeitern Einigungen bezüglich Entscheidungen gefunden werden müssen. Es wird auch früher oder später geschehen müssen, dass der neue, junge Chef auch diesen Mitarbeitern Veränderungen mitteilt, die dann auch diese Mitarbeiter selbst betreffen.
»Ich habe die Entscheidung getroffen, dass du dich nicht mehr um diesen Kunden kümmerst, sondern dass Herr XY das jetzt macht.« – Spätestens dann kracht es. Denn bis zu diesem Zeitpunkt kamen solche Kommandos nur vom Senior. Dieser langjährige und erfolgreiche Kollege akzeptiert entsprechende Entscheidungen nur, wenn sie von Senior kommen. Sicherlich nicht von seinem Sohn. Denn der hat den Job ja schließlich nur geerbt. Er hat noch nicht viel für die Firma getan. Ganz im Gegensatz zum langjährigen Mitarbeiter.

Sie kennen diese Situation vielleicht schon aus eigener Erfahrung. Und sehr wahrscheinlich hoffen Sie nun auf einen Tipp von mir.

Nun, ich habe keine wirkliche Lösung für Sie. Der Konflikt wird in jedem Fall bestehen bleiben. Und wenn der erfahrene Kollege den Junior nicht akzeptiert, dann wird das so sein und so bleiben.

Es kann sein, dass er versucht, dem Junior aus dem Weg zu gehen. Es kann sein, dass er beginnen wird, seine eigene Nische zu »bauen«. Oder aber er wird kündigen und sehr wahrscheinlich zur Konkurrenz wechseln. Denn nur bei der Konkurrenz kann er seine Fähigkeiten und sein Wissen und seine Kontakte optimal unterbringen. Nur hier ist dieser Mann viel Geld wert.

Selbstverständlich versuchen Sie von Anfang an besonders die wichtigsten Mitarbeiter bei einem Generationenwechsel »mitzunehmen« und deren Unterstützung zu bekommen. In dem Moment jedoch, in dem die Veränderung diese Mitarbeiter selbst betrifft und sie daraus nicht direkt einen Vorteil haben, werden sie zum Gegner werden. Machen Sie Sich diesen Zusammenhang bewusst. Vielleicht ist dies ja mein Tipp für Sie.

Achten Sie auf die Wertschätzung diesen Mitarbeitern gegenüber. Der neue Chef wird anfangen, die Freiräume des erfahrenen Mitarbeiters zu hinterfragen. Er wird kontrollieren müssen. Denn alles ist ja nun unter seiner Verantwortung.

Der erfolgreiche Mitarbeiter wird diese neue Kontrolle als Kritik auffassen. Er wird sich die Frage stellen, ob denn nun seine Leistung und seine Erfolge plötzlich nicht mehr wertgeschätzt werden. Er wird sich fragen, ob er nun die Unterstützung seiner Geschäftsleitung verliert. Er wird zweifeln, ob er so weitermachen kann wie bisher. Und wenn er das nicht kann, dann bedeutet das ja, dass der neue Chef keine Ahnung hat. Denn schließlich hat seine Arbeitsweise zum Unternehmenserfolg geführt.

Entweder Sie verlieren Ihre besten Leute oder sie bieten ihnen mehr Möglichkeiten, größere Freiräume, ein deutlich höheres Gehalt, etc.

Eine andere Möglichkeit gibt es nicht. - Aber selbstverständlich sind die Gestaltungsspielräume begrenzt. Vielleicht können Sie keine deutlich höheren Gehälter bezahlen, oder der jeweilige Kollege kommt für entsprechende Jobs nicht in Frage weil ihm die Fähigkeiten fehlen.

Dadurch sind die Konflikte vorprogrammiert. Ebenso die Eskalationen. Häufig können Sie keine zusätzlichen Vorteile anbieten.

Sprechen Sie offen und ehrlich mit den für das Unternehmen wichtigen Kollegen und fordern Sie diese ganz klar dazu auf, dass sie Ihnen ihre Wünsche und Vorstellungen darlegen. So früh wie möglich. Und machen Sie das Beste draus.

Loslassen

Lieber Senior, die Dinge werden oftmals nicht so laufen, wie Sie es sich vorstellen. Das ist ganz normal.

Versuchen Sie zu beurteilen, ob die Entscheidungen nun im Sinne der Sache gut oder schlecht, richtig oder falsch sind. Reagieren Sie sachlich. Es muss nicht so laufen, wie Sie es sich vorstellen. Es muss lediglich das Richtige mit dem richtigen Ziel und dem richtigen Ergebnis gemacht werden.

Viele Jahre lang ist alles genau so gelaufen, wie Sie es wollten. Jetzt gehört die Firma aber nicht mehr nur Ihnen alleine, sondern auch Ihrem Sohn.

Respektieren Sie seine Ansichten, seine Entscheidungen und die Art, wie er managt. Es wird sich für Sie anfühlen, als ob er alles anders macht als Sie.

Es muss nicht immer alles so laufen, wie man es selbst für richtig und für »angemessen« hält. So wie es einem selbst passt, muss es nicht sein.

Es ist vollkommen ausreichend, wenn die Ergebnisse passen. Denn nur darum geht es im Endeffekt.

Ihre Arbeit wird es nach und nach nur noch sein sicherzustellen, dass alles in die richtige Richtung läuft und kein Schaden entsteht. Greifen Sie dort ein, wo Ihr Sohn absolut falsch liegt, und da, wo es tatsächlich Probleme geben würde.

Unerfahren: Aus Überzeugung falsch.

Sie müssen eingreifen wenn Ihr Sohn so falsch liegt, dass sein Handeln Schaden anrichten würde. Schützen Sie Ihren Sohn vor sich selbst, da, wo es nötig ist.

Erst nach und nach wird Ihr Sohn verstehen, welche Dinge wirklich wichtig sind und welche nicht. Ihr Sohn wird sich besonders anfangs mit Dingen beschäftigen, die vielleicht schon irgendwo gemacht werden sollten, jedoch für den Erfolg der Firma eine nebensächliche Rolle spielen. – Sagen Sie ihm das. Erklären Sie ihrem Sohn immer und immer wieder, dass es darum geht, den Umsatz zu steigern, den Ertrag zu steigern, die Qualität zu steigern, die Lieferperformance zu verbessern, auf Kundenwünsche einzugehen, das Knowhow zu verbessern, etc. Alles andere ist »nebensächlich«. Man kann sich mit Nebensächlichem beschäftigen, muss es aber nicht.
Ihr Sohn kann die einzelnen Dinge noch nicht beurteilen. Es liegt an Ihnen, ihm beizubringen, worum es wirklich geht. Zeigen Sie ihm die wichtigen Dinge und sagen Sie es ihm, wenn er sich mit unwichtigen Dingen beschäftigt.

Senior, was passiert wenn Sie sich einmischen? – Es kommt zum typischen Effekt. Sobald sich jemand, der in der Hierarchie weiter oben steht, einmischt, wird derjenige, der sich vorher mit dem Vorgang beschäftigt hat, auf das nächste Kommando warten und selbst erst mal nichts mehr tun. Bleibt dann das nächste Kommando aus, dann wird nichts mehr passieren. Kommt ein Kommando, dann wird es ausgeführt. Vielleicht mit einem Murren, aber was der Chef sagt, das wird gemacht. – Sie als Senior sind die Graue Eminenz. Sie als Senior sind die Respektsperson für alle Mitarbeiter und (ja!) immer auch für Ihren Sohn. Was Sie möchten, wird gemacht.

Man sollte sich also nur einmischen, wenn es nötig ist. Einmischen ist in Ordnung, wenn die Richtung falsch ist, die Priorisierung falsch ist und/oder wenn die Entscheidung falsch ist und Schaden anrichten würde.

Der Junior muss in so vielen Dingen erst einmal auf die Nase fallen, um zu erfahren, wie es wirklich geht. Diese Erfahrungen kann ihm niemand abnehmen.
Reden ist wichtig, Informationen sind »Praxis« und diese basiert auf Erfahrung, und Erfahrung erwirbt man durch Erfahrungen. Lassen Sie Ihren Sohn machen, auch wenn es ab und zu Blödsinn ist und bleibt. Er wird die Dinge selbst begreifen, wenn Sie ihm die Möglichkeit dazu geben. Lassen Sie ihn machen. Aber schützen Sie ihn vor ihm selbst.

Ich zeige meinem Sohn nochmal, dass ich es drauf habe. – Nein!

Ihr Ego ist ein Problem? Nun, offensichtlich ist das bei Unternehmensübergaben ganz normal. Männer unter sich. Väter und Söhne unter sich. Offensichtlich ist es sehr schwer für den Vater, sich nicht immerzu als starker Mann vor seinen Sohn zu stellen und zu beweisen, wie großartig er alles kann. Anscheinend ist es schwer, still zu sein und nichts zu sagen, wenn der eigene Sohn in der Rolle spricht, in der man selbst so lange Zeit war.

Es ist der Stich im Ego, der zum Problem wird. Aber es hilft nichts. Und es bringt nichts. Früher oder später wird es der Junior sein, der vorne an der Spitze steht. So, oder so. Die Zeit lässt sich nicht aufhalten und es bringt nichts, an Dingen festzuhalten, die einem sowieso früher oder später aus der Hand gleiten werden. Wenn es ohnehin so kommt, wie es kommt, dann ist es Ihre Aufgabe als Senior, dafür zu sorgen, dass es dann möglichst gut funktioniert. Der Versuch, alles nach wie vor selber zu machen und keine Macht aus der Hand zu geben, wird mit Sicherheit nicht die beste Alternative sein.

Nehmen Sie sich selbst und Ihr Ego zurück. Sehen Sie ihre Aufgabe darin, Ihren Sohn so weit zu bringen, das in ehrbarer Weise weiterzuführen, was Sie aufgebaut haben und was Sie ihm jetzt übergeben. Sie werden gehen, er wird bleiben. Und wenn Sie alles richtig machen, dann wird er etwas Gutes gestalten.

6 Fit für die Zukunft

Lieber Senior, verabschieden Sie sich davon, dass Ihr Sohn *Ihren* Betrieb so weiterführt, wie Sie ihn haben wollen. Er *muss* den Betrieb umbauen und ihn in etwas ganz anderes verwandeln.
Oder glauben Sie etwa, dass etwas, das 30 Jahre funktioniert hat, gleich nochmal 30 Jahre in der gleichen Art und Weise funktioniert? Genau! Selbstverständlich nicht.

Umbauen für die Zukunft
Alles wird anders werden. Die Welt wird sich verändern. Ob es Ihnen nun gelingt bei dieser Veränderung erfolgreich mit dabei zu sein oder nicht. Der Welt wird das ziemlich egal sein. Die Veränderung wird kommen.

Der Nachfolger muss den Betrieb verändern!

Senior, Ihr Betrieb wird bald nicht mehr so sein, wie Sie ihn gewohnt sind.

Je älter man ist, desto schwieriger sind Veränderungen. Aber sie sind notwendig. Denn da draußen gibt es niemanden, der Rücksicht nimmt. Das Geschäft war schon immer hart, und es wird jeden Tag härter. Das Geschäft wird schneller und anspruchsvoller und die Zyklen werden immer kürzer.

Die jungen Generationen ticken anders. Lieber Senior, finden Sie sich damit ab, dass Sie die jungen Leute, die bei Ihren Kunden, Ihren Lieferanten und in Ihrem eigenen Betrieb arbeiten, bald schon nicht mehr verstehen werden.

Es hat sich nichts geändert? Das Geschäft ist doch immer noch gleich? – Vergessen Sie das! Alles ist anders. – Sie haben nur Glück, dass es noch so gut läuft.

Der Erfolgt gibt Recht?

Es geht darum, Paradigmen auflösen. Es geht darum, die Dinge neu und unvoreingenommen zu betrachten und zu bewerten. Es geht darum, freie und neue und frische Entscheidungen zu treffen und innovative Wege zu gehen.

Ich selbst hatte und habe Glück, dass ich den Vater habe, den ich habe. Er ist sehr offen dem gegenüber, was ich denke und vorschlage.

Aber dennoch ist es so, wie es wohl immer ist. Die »alten« Paradigmen sind da. Und je früher man sich dessen bewusst wird, desto früher kann man anfangen Konflikte abzubauen, sie gar nicht erst entstehen zu lassen und die richtigen Entscheidungen für die Zukunft zu treffen. Folgendes ist gemeint:

Sinngemäß sagt der Senior: *»Ich war und bin erfolgreich, also weiß ich, wie es geht.«*

Oder anders: *»So wie es gestern funktioniert hat, wird es heute und morgen auch funktionieren. Ich weiß, wie das läuft.«*

Bei jeder Diskussion liegt dies unausgesprochen im Büro des Seniorunternehmers in der Luft. - Vergessen Sie das!

Es ist schon fast ein gefährliches Terrain, auf dem wir uns jetzt bewegen. Der Junior kommt in die Firma, mischt sich ein und nimmt in Anspruch, etwas besser zu wissen als der erfahrene und erfolgreiche Senior. Wie soll das funktionieren? Und woher bitte nimmt der Junior das Recht, den Senior mit all seinen Erfolgen in Frage zu stellen?

Selbstverständlich sind Erfahrung und Können und Wissen der älteren Generation von größtem Wert. Und häufig wird es wohl schon so sein, dass eher die Interpretationen von jemanden mit Erfahrung zutreffen als von jemandem, der keine Erfahrung hat. Natürlich. – *Aber es ist naiv zu glauben, dass das, was in der Vergangenheit den Erfolg gebracht hat, auch noch heute und morgen den Erfolg bringt.*

Vielleicht finden Sie sich im Folgenden wieder:
Nicht weil wir alles so gemacht haben, wie wir es gemacht haben, sind wir erfolgreich. Vielmehr müsste man sagen: »obwohl«!

Ich wiederhole:

Falsch: *Wir sind erfolgreich, weil wir alles so gemacht haben, wie wir es gemacht haben.*

Richtig: *Obwohl wir alles so gemacht haben, wie wir es gemacht haben, sind wir erfolgreich.*

Das ist natürlich jetzt eine sehr kontroverse und provokante Aussage. Wohl aber hat sie einen wahren Kern. Und sie hat eine Absicht. Denn wenn man darüber nachdenkt, gelingt es einem vielleicht ein wenig mehr, vom »hohen Ross« des Erfolges herabzusteigen und sich unvoreingenommen selbst zu hinterfragen.

Obwohl so vieles gemacht wurde, wie es gemacht wurde, war die Firma *trotzdem* erfolgreich. Das bedeutet, dass schon viel Mist dabei war. Es waren dann die wesentlichen Dinge, die richtig gemacht wurden. Diese wenigen Dinge sind es, die den Erfolg gebracht haben. Der Rest nicht. Und schon gleich gar nicht alles. Alles, was nicht zum Erfolg beigetragen hat, hätte man folglich auch ganz anders machen können. Denn es waren nur wenige Dinge, auf die es ankam.

Jeder Weg kann der richtige sein. Denn die Ergebnisse zählen.

Machen Sie sich dies bewusst. Versuchen Sie herauszufinden, welche wirklich wesentlichen Entscheidungen und Schritte es waren, die Ihrem Unternehmen zum heutigen Erfolg verholfen haben. Das sind die Dinge, die Sie wirklich gut gemacht haben und auf die es ankommt. Alles andere kann jeder machen, wie er es gern machen möchte. Denn es kommt nicht darauf an.

Machen wir doch noch eine andere Betrachtung:
Warum sind Firmen da? Selbstverständlich immer wieder aus ganz unterschiedlichen Gründen. Aber meistens sind es ganz profane Zusammenhänge.

Jemand, der eine Idee hatte, hat versucht, mit dieser Idee Geld zu verdienen. Er gründet eine Firma und es zeigt sich sehr schnell, ob sich mit dieser Idee Geld verdienen lässt. Wenn die Idee gut ist, finden sich Kunden. Wenn es dem Unternehmer gelingt alles richtig zu managen, dann wird die Firma wachsen, groß werden und er wird viel Geld verdienen.
Viele sind gescheitert. Es waren schlechte Ideen oder beim Managen hat es nicht so geklappt. Von denen, die gescheitert sind, hört und sieht man heute natürlich nichts mehr. Nur von denen, die erfolgreich waren, sieht und hört man heute etwas. Sie sind noch da.
Wenn man diese »übriggebliebenen« nun fragt, warum sie erfolgreich waren, dann werde sie Antworten geben.
Meine Erfahrung ist, dass diese Antworten zwar alle richtig sind, aber dass die genannten Gründe nicht die Wesentlichen sind.
Denn wesentlich für den Erfolg war meist *eine einzige Idee,* eine zentrale Geschäftsidee. Auf dieser basierend ist die Firma gewachsen und zur heutigen Größe gelangt. Und jetzt kommt es: Seitdem sind keine wesentlichen Ideen mehr dazugekommen. Jedenfalls keine, mit denen erneut entsprechend hohes Wachstum entstanden wäre.

Dies ist ebenfalls ein sehr kontroverser und provokanter Ansatz. Sicherlich finden sich zahlreiche Beispiele, in denen das eben nicht so ist. Aber grundsätzlich fußt der Erfolg der meisten Firmen auf einer einzigen Gründeridee. Und dann kam leider nichts mehr.

Glauben Sie wirklich, dass der Erfolg der ersten Idee vor 30 Jahren reichen wird für nochmals 30 Jahre Erfolgsgeschichte? Wer wäre so naiv, das anzunehmen?

Für die Zukunft ist es absolut notwendig, neue Ideen vorzugsweise mit der gleichen Durchschlagkraft der ursprünglichen Gründungsidee anzupacken und erfolgreich umzusetzen. – Das ist die Aufgabe des Juniors.

Daten, Informationen und Entscheidungen

Der Senior kommt aus einer anderen Zeit. – Dort waren Informationen schwerer verfügbar als heute. Der Seniorunternehmer hat ein »Gespür« für das, was richtig ist. Und so entscheidet er »aus dem Bauch heraus«.

Was im eigenen Unternehmen los ist, konnte man früher zum größten Teil nur intuitiv erfassen, und wenn man überhaupt Daten hatte, dann mit einer erheblichen zeitlichen Verzögerung. »Performancezahlen« in Echtzeit gab es schlichtweg nicht.

Die wichtigsten Zahlen waren natürlich vor allem in der Buchhaltung immer schon vorhanden. Selbstverständlich war es auch früher schon möglich zu erkennen wenn irgendwo die Geschäfte schlecht wurden, oder die Kosten zu hoch. Ansonsten wäre es ja unmöglich gewesen größere Unternehmen aufzubauen.

Intuitiv zu entscheiden, war früher dennoch oft der einzige Weg, überhaupt entscheiden zu können. Damals gab es noch keine Computer, und wenn, dann waren sie »schlecht entwickelt«. Damals gab es Reports und keine Dashboards. Lange hatte man keine Tabellenkalkulation und kein Pivot und keine Diagramme. Es gab Konten in der Buchhaltung und vielleicht eine Kostenrechnung. Es gab kein Big Data, kein Data-Warehousing, keine Cubes und keine Smartphones, auf denen man die Informationen in Echtzeit an jedem Ort auf der Welt bunt aufbereiten anschauen kann.

Heute liegen die Informationen (was Zahlen angeht) ganz leicht verfügbar vor. Man hat alle Daten über Belege, Rohertragsspannen,

Kostenstellen und Kostenträger, Umsätze und Umsatzveränderungen, Warengruppen, Bearbeitungs-, und Durchlaufzeiten, Rückstände und Booking-Billing-Reports auf Knopfdruck auf dem Bildschirm. Und das sogar bunt und mit Bildern und Diagrammen. Man kann alles analysieren, und das in Echtzeit. – »Business Intelligence oder BI« ist das Stichwort.

Weil die Fakten wenige waren, galt früher zwangsläufig:
Intuition -> Entscheidung

Heute hat man die Möglichkeit zu:
Information -> Entscheidung

Junge Leute, die mit den modernen Auswertemöglichkeiten und der modernen IT aufgewachsen sind, tendieren dazu, zuerst einmal die Fragen an die IT zu stellen. Sie schauen sich die Auswertungen und die Zahlen an und versuchen dann auf Basis dieser Informationen Entscheidungen zu treffen. – Nicht umgekehrt.

Seniorunternehmer tendieren dazu, ihre Entscheidungen nach wie vor »aus dem Bauch heraus« zu treffen. Anhand von wenigen Daten und Fakten und das relativ losgelöst von tiefgehenden und komplexen Auswertungen. Dem Senior reichen die wichtigsten Zahlen.
Die detaillierten Auswertungen dienen dem Seniorunternehmer nach getroffener Entscheidung oder schon vorab gefundener Interpretation vor allem dazu, intuitiv getroffenen Entscheidungen und intuitiv gefundene Standpunkte zu untermauern! Entscheidungen trifft der Senior intuitiv und nicht auf Basis von Informationen.

Sie alle kennen den daraus entstehenden Konflikt.

Warum ist es ein Konflikt? – Wenn die Zahlen und Auswertungen korrekt sind, dann sollten sie doch eine eindeutige Sprache sprechen. Die notwendigen Entscheidungen und nächsten Schritte sollten doch »auf Datenbasis« eindeutig und sicher getroffen werden können. – Nun, das genau geht aber nur leider in den allerwenigsten Fällen.

Meine Erfahrung ist die, dass alle Zahlen immer eine gewisse »Unschärfe« aufweisen. Nicht weil die Programme falsch rechnen, sondern weil es vom Geschäftsfall bis zur Auswertung immer jede Menge Interpretationen gibt. Zeitlicher Versatz bei den Buchungen, prozentuale Pauschalaufschläge, ungenaue Eingaben bei Terminen, ungenau berechnete Handelsspannen aufgrund von berechtigten und nicht berechtigten Nacharbeiten, Verschwendung, Verschnitt, unproduktive Zeiten der Mitarbeiter, ungenaue Zuordnungen von Kosten, falsche Zuordnungen von Produkten zu Warengruppen in schlecht gepflegten Stammdaten, nicht eindeutige Wareneinkaufszuordnungen, etc.

So kommt es, dass auf der einen Seite der Senior steht, mit seiner Meinung, die schon fertig ist, bevor »so richtig nachgeschaut« wurde. Auf der anderen Seite steht der Junior mit seinen IT-Abfragen und Auswertungen, welche eine Unschärfe beinhalten. In diese Unschärfe interpretiert der Senior seine schon fertige Meinung hinein. Der Junior versucht mit seinen komplexen, aber unscharfen Auswertungen zu argumentieren. Der Konflikt ist vorprogrammiert.

Ich habe dafür keine Lösung. Jedoch weiß ich, dass es möglich ist, dass Senior und Junior sich gegenseitig ergänzen. Die eine Seite verfügt über Erfahrung und daraus resultierende Intuition, die andere über moderne Möglichkeiten der Datenauswertung und Abstraktion. Bei Kombination beider Vorgehensweisen sollten sich

bessere Ergebnisse erzielen lassen als bei einseitiger Entscheidungsfindung.
Nur gemeinsam kommen Sie zu den hilfreichsten Erkenntnissen und zu richtigen Entscheidungen. Entscheidungen nur aus dem Bauch heraus sind riskant. Genauso riskant ist es zu versuchen, Entscheidungen nur auf Datenbasis zu treffen. Hier helfen das Gefühl und die Erfahrung.

Aus der Trickkiste der Unternehmensberater

Ich habe mich entschieden die folgenden Punkte mit in dieses Buch aufzunehmen. Warum? – Weil ich der Meinung bin, dass es sich lohnt, eben genau über diese Punkte nachzudenken, um dann zu erkennen, wie notwendig Veränderung in einem über längere Zeit bestehenden Betrieb ist.

Zwei Aussagen gelten:
a) Der Betrieb muss sich verändern.
b) Was nicht bedeutet, dass vorher alles schlecht war.

Ihr Betrieb muss sich verändern.
Sie entscheiden, wie!
… Entscheiden Sie weise.

In der folgenden Aufzählung erhebe ich natürlich keinen Anspruch auf Vollständigkeit und Korrektheit. Es geht mir hier lediglich um die Anregung.

Ich möchte Sie anregen, sich Fragen zu stellen. Lassen Sie sich durch die folgenden Punkte inspirieren. Vielleicht gelingt es mir, dass Sie sich davon verabschieden, »schon zu wissen«, wie man »es« macht und wie »es« läuft. Hinterfragen Sie alles.
Sie machen »es« jahrelang erfolgreich, das steht außer Frage. Trotzdem ist es notwendig, alles, was Sie tun, immer wieder neu auf den Prüfstand zu stellen. Ihr Erfolg wird schwinden, wenn Sie nicht reagieren. Denn Sie müssen immerzu reagieren. Sie müssen Ihren Betrieb verändern. Immer. Die Frage ist nur, wie er nach der Veränderung aussehen soll.

In diesem Buch geht es Unternehmensnachfolge. Ich gehe also davon aus, dass dieses Buch jetzt in den Händen von Seniorunternehmern und von Juniorunternehmern liegt.
Das bedeutet, dass wir es mit einem erfolgreichen Seniorunternehmer im fortgeschrittenen Alter zu tun haben. Der Betrieb, der zur Übergabe steht, ist durch jahrelanges bodenständiges und erfolgreiches Wirtschaften solide und gesund.
Weiter gehe ich davon aus, dass der Senior im Altern von 60 plus ist. Immer noch sehr rüstig und geistig topfit. Aber eben schon im fortgeschrittenen Alter.
Die Arbeit ist größtenteils getan und im Alter schwindet die Lust immer und immer wieder Neues anzufangen. Strategien zu entwickeln, wie man den Markt erobern könnte, Businesspläne, neue Kooperationen, neue Produkte, Innovationen, Markterschließungen und Branchentrends auszunutzen, etc.; für das alles gab es eine Zeit. Das alles erfordert die Dynamik und den Ehrgeiz eines jungen Menschen. Nicht, dass Sie sich als Senior ausruhen würden. Aber mit zunehmenden Alter schwindet der Unternehmergeist und mehr und mehr wird die Sicherheit wichtiger. Man bildet seine »Komfortzonen«. Man muss nicht mehr so oft unterwegs sein

und arbeitet mehr und mehr mit dem, was man schon hat. Das, was funktioniert, funktioniert. Man schraubt hier und da daran herum, wo es notwendig ist. Aber man stellt weniger allgemeine und grundsätzliche Fragen.
Für den Senior ist das kein Problem. Vielleicht hat er noch 5, vielleicht 10 Jahre, in denen er arbeiten muss und will. Das Vermögen wird ausreichen, um das Alter und auch die Unterstützung der Kinder zu finanzieren. Hier kann nichts mehr passieren.

Wohl ist es aber für die nächste Generation ein Problem. Denn die nächste Generation hat die Pflicht, 20 bis 30 Jahre (oder mehr) erfolgreich im Geschäft zu sein. Und das lässt sich nicht auf den Erfolgen von gestern aussitzen. Das geht nur, indem absolut professionelle unternehmerische Arbeit geleistet wird.

Der Erfolg von morgen kann nicht durch den Erfolg von gestern kommen. Der Erfolg von gestern ist lediglich die Basis. Der Erfolg von Morgen braucht unternehmerische Entscheidungen heute und morgen. Und diese Entscheidungen werden vieles, das gestern gut war und heute gut ist, in Frage stellen.
Das, was zum Erfolg von heute geführt hat, wird morgen vielleicht der Tod sein. Man muss alles hinterfragen.

Die Firma wird in 10 bis 15 Jahren nicht mehr viel mit dem zu tun haben, wie sie heute ist. So oder so wird es so kommen. Entweder durch Erfolg oder durch Misserfolg. In jedem Fall wird nichts mehr so sein, wie es heute ist. Die Veränderung ist unausweichlich. Ein »nostalgisches Festhalten und Bewahren« hat fatale Auswirkungen.

Es müssen strategische Entscheidungen getroffen werden. Diese Entscheidungen bestimmen darüber, ob Ihr Unternehmen in 5, 10, 15 oder in 20 Jahren noch Gewinne erwirtschaftet oder überhaupt noch existiert. Der Generationenwechsel ist nicht nur der zwingende Zeitpunkt, diese Entscheidungen zu treffen, sondern er ist auch der beste Zeitpunkt dafür.

Erstens: Wenn es läuft, dann läuft es bergab.

Als Unternehmer kennen Sie alle den typischen »Produktlebenszyklus«. Er beschreibt den grundsätzlichen Zusammenhang von Umsatz und Gewinn im zeitlichen Verlauf bei der Einführung von neuen Produkten oder Dienstleistungen.

Jedes Neugeschäft ist immer mit Investitionen verbunden. Es wird dauern, bis das Geschäft sich zufriedenstellend entwickelt, bevor es dann über die Zeit immer schwieriger wird, die Umsätze zu halten. Früher oder später wird das Geschäft an Volumen und Ertragskraft verlieren.

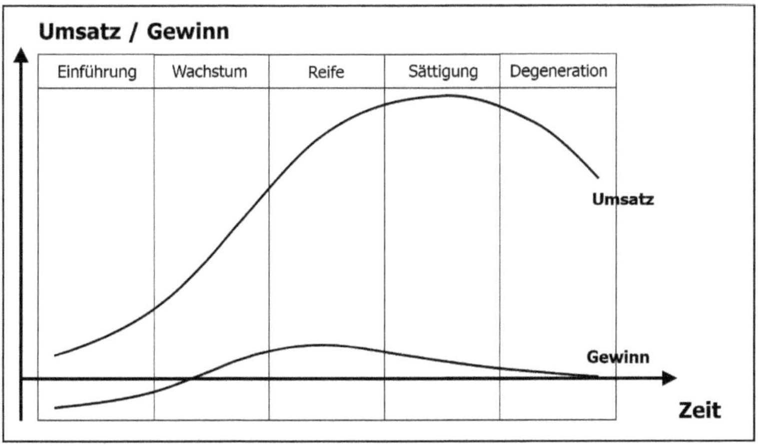

Einführung:	- kleine Stückzahlen - hohe Werbekosten - geringe Bekanntheit - hohe Anfangsinvestitionen
Wachstum:	- steigende Bekanntheit - Eintritt von Wettbewerbern - erste Gewinne
Reife:	- Kampf um Marktanteile - Wachstumsverlangsamung - Preissenkungen - Gewinnrückgang
Sättigung:	- Kampf um Marktanteile - Umsatzzenit erreicht - fortschreitender Gewinnrückgang
Degeneration:	- Umsatzrückgang - Aussterben des Produkts

Ich gehe davon aus, dass in Ihrem über viele Jahre erfolgreichen und etablierten Betrieb die meisten »Produktzyklen« schon ziemlich weit rechts liegen. Richtig? Die meisten Geschäfte waren schon einmal besser. Früher haben Sie mehr Geld damit verdient.
Wohl ist es Ihnen aber gelungen, immer wieder neue Produkte und neue Services zu etablieren. Damit konnten Sie die »problematischen Produktzyklen« immer wieder ausgleichen und sind heute nach wie vor erfolgreich.

Ich habe mich entschlossen den Produktlebenszyklus mit in dieses Buch aufzunehmen, weil ich darauf hinweisen möchte, wie notwendig die stetige Veränderung ist. Es wird nicht reichen, weiterhin aktiv mit mehr oder weniger den gleichen Produkten und

Dienstleistungen zu sein wie gestern. Wirklich spürbare Erfolge werden sich nicht durch Modifikationen erreichen lassen, sondern durch radikal neue Geschäftsideen.
Diese werden gebraucht, denn wenn Sie das Geschäft weiterlaufen lassen, dann wird es bergab laufen.

Zweitens: Gefährliche Größe

In der folgenden Grafik ist die sogenannte »Porterkurve« dargestellt. Sie zeigt den allgemeinen Zusammenhang zwischen Unternehmensgröße und Rentabilität.

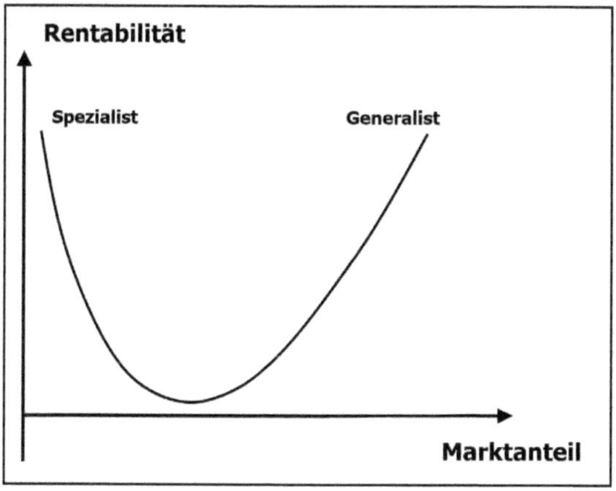

Von Michael Eugene Porter, geboren 1974 – Professor für Unternehmensstrategien an der Harvard Business School.

Erfolgreiches Wachstum erfordert Investitionen. Gebäude, Ausstattung und Personal werden gebraucht. Damit das Personal aber überhaupt noch »funktioniert«, braucht man eine Organisationsstruktur. Diese wird Jobs erfordern die zu einem vermehrten Teil

nur noch »indirekt wertschöpfend« arbeiten. Das sind zum Beispiel die Manager, Qualitätsbeauftrage, die IT-Abteilung, die Instandhaltung, etc.
Mit steigendem Umsatz werden die wichtigen Einzelgeschäfte größere Volumen ausmachen. Die Kundenanforderungen werden steigen. Höhere Qualität, bessere Performance und mehr Professionalität wird gefordert. Gleichzeitig wird prozentual von den Kunden weniger bezahlt.
In jedem Fall steigen die Fixkosten. Diese steigen jedoch nicht im selben Verhältnis, wie Umsätze und Roherträge zunehmen. In jedem Fall wird dies »in der Mitte« dazu führen, dass weniger Geld übrig bleibt. Erst bei hinreichendem Umsatzvolumen werden die notwendigerweise gestiegenen Fixkosten wieder ausgeglichen.

Grundsätzlich bedarf es also der Entscheidung zu einer der folgenden Strategien: *a) Nieschenanbieter*, oder *b) Anbieter im Volumengeschäft*.
Wer diese Entscheidung nicht trifft, der wird riskieren, eben »zwischen den Stühlen« bei geringer Gesamtrentabilität »stecken« zu bleiben.
Die Folgen sind bekannterweise fatal. Es fehlt mehr und mehr das Geld für notwendige Ausgaben und Investitionen. Bei Problemen bei Qualität oder in der Lieferperformance kann nicht mehr adäquat reagiert werden. Die Qualität der Kundenbetreuung wird schlechter. Die Kundenzufriedenheit nimmt ab. Irgendwann fällt ein großer Kunde weg und spätestens dann ist die Existenz in Gefahr. Bei fehlenden Investitionen in die Erschließung neuer Geschäfte kommen eben keine neuen Geschäfte mehr zustande. Fehlt das Geld für Vertrieb und Neuentwicklungen, dann ist der Abwärtstrend nicht mehr aufzuhalten.

Das Fatale ist, dass dieser Zusammenhang gleichermaßen für ganze Unternehmen auch für die einzelnen Geschäfts- und Tätigkeitsbereiche gilt. Wird hier nicht gewissenhaft bewertet, so können einzelne Bereiche systematisch das Gesamtunternehmen gefährden.

Die sinkende Gesamtrentabilität ist hier nicht ein Symptom von schlechtem Management, sondern ein prinzipieller Zusammenhang, der nicht abgestellt werden kann. Jeder Betrieb muss diese Hürde des Wachstums überstehen.

Einmal mehr zeigt sich hier sehr deutlich, dass das, was gestern den Erfolg gebracht hat, heute in der gleichen Art und Weise nicht mehr funktionieren muss.

Drittens: Stufen der Organisationsentwicklung

Je größer eine Firma wird, desto wichtiger wird die Organisation. Immer mehr Mitarbeiter müssen in effizienter und effektiver Art und Weise zusammenarbeiten. Mit wachsender Unternehmensgröße werden Abläufe komplexer und zahlreicher. Es gibt immer mehr Ausnahmen von Ausnahmen. Alle beteiligten Personen auf einem angemessenen Wissensstand zu halten wird zum Problem.

Das von Larry E. Greiner vorgestellte Modell zeigt die für Unternehmen typischen Entwicklungsstufen. Mit zunehmender Unternehmensgröße ist zusätzliches Wachstum nicht mehr durch die gleichen Mittel möglich, die das Wachstum in der Vergangenheit ermöglichten. Die Organisation muss angepasst werden. Im Modell nach Larry E. Greiner finden sich typische Stufen der Unternehmensentwicklung und jeweils für jede einzelne Stufe typische

Krisen, die einzig durch die Organisation begründet sind. Diese Krisen muss man erkennen und sie lösen.

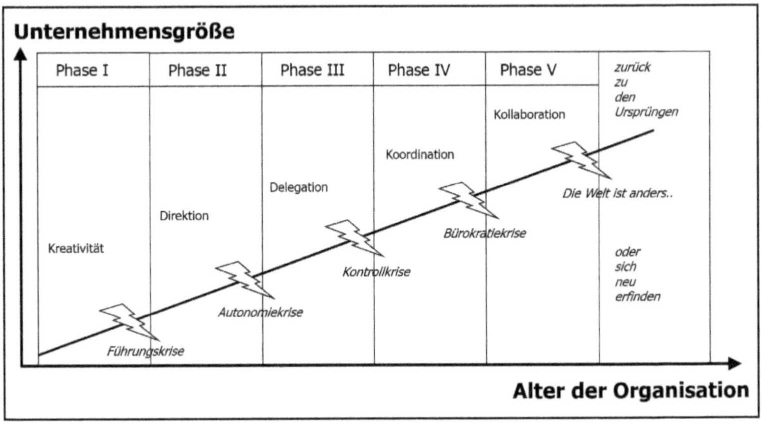

Von Larry E. Greiner, geboren 1933 – Professor für Management und Organisation an der University of Southern California.

Phase I: Wachstum durch Kreativität: Technisch oder unternehmerisch orientierte Gründerpersönlichkeiten machen das Unternehmen aus. Die wenigen Mitarbeiter sind sehr gut miteinander vernetzt. Die informale Kommunikation funktioniert in dieser Größe sehr gut.

Führungskrise (Leadership Crisis): Je mehr Mitarbeiter dazukommen, je umfangreicher die Produktion und die Prozesse werden, desto mehr Notwendigkeit nach formeller Kommunikation besteht. Die Gründer werden ihre Arbeitsweise anfangs ändern. Bald wird das nicht mehr ausreichen und neue Mitarbeiter mit ersten einfacheren Managementaufgaben werden in die Firma gebracht.

Phase II: Wachstum durch Direktion: Dezentrale Strukturen und Verantwortungen werden geschaffen. Die einzelnen Unternehmensbereiche fokussieren sich auf ihre Aufgaben. Zum

Beispiel Einkauf, Vertrieb, Buchhaltung, Lagerwirtschaft, etc. Es werden Produktgruppen und Geschäftsbereiche gebildet. Budgetplanungen und Incentiveregelungen werden eingeführt. Die Kommunikation wird formaler und eine Hierarchie entsteht.
Autonomiekrise: Es kommt ein Punkt, an dem die Produkte und Prozesse so zahlreich werden, dass sie nicht mehr von den verfügbaren Personen gemanagt werden können. Derjenige, der die Verantwortung trägt, weiß jeweils weniger als diejenigen weiter unten in der Organisation.

Phase III: Wachstum durch Delegation: Eine neue Form von Delegation wird auf Abteilungsebenen etabliert. Die Entwicklung des Unternehmens vollzieht sich von einer funktionalen hin zu einer divisionalen Organisationsstruktur. Einzelne Bereiche werden von einer zentralistischen Führung losgelöst und beginnen selbstständiger zu agieren. Dabei entstehen oft auch Profitcenter mit ausgefeilten Anreizsystemen für weiteres Wachstum. Die Unternehmensführer konzentrieren sich mehr und mehr nur noch auf die »großen Dinge« und verlassen sich auf ihre Manager. Zielvereinbarungen und Planungssysteme werden durchgängig.
Kontrollkrise: Die Organisation entwickelt sich diffus. Einzelne Bereiche agieren eigenständig und teils auch gegeneinander. Interne Interessenkonflikte lassen sich schwer lösen.

Phase IV: Wachstum durch Koordination und Controlling: Die Koordinationsphase ist durch zahlreiche Reorganisationsmaßnahmen gekennzeichnet. Projektteams, einfachere Kontrolle, Informations- und Kommunikationssysteme. Deutlich intelligentere und schnellere interne Kommunikationswege werden eingeführt. Ressourcen in Ihrer Firma werden zum Beispiel durch Zusammenlegung von ausgegliederten Aufgaben effizienter genutzt. Zudem gewinnt die Zentrale des Unternehmens mehr und mehr an Einfluss.

	Bürokratiekrise: Durch die zentrale Kontrolle wird die Arbeit bürokratischer und das Vorankommen langsamer. Die Schaffung neuer Strukturen wird obligatorisch, um weiter voranzukommen.
Phase V:	Wachstum durch Zusammenarbeit: In der Kooperationsphase entsteht eine neue, übergeordnete Matrixorganisation und zudem wird auch wieder abteilungsübergreifend zusammengearbeitet. Auch die Zusammenarbeit mit Partnern wie Dienstleistern, Lieferanten und Kunden wird integriert oder reintegriert. Es kommt zu Bildungen von Holdings, zu Fusionen ganzer Bereiche und zu Konsolidierungen. Diese Phase endet typischerweise mit einer »internen Wachstumskrise«. Weiteres Wachstum kann nur noch durch Zusammenarbeit mit außenstehenden Unternehmen erreicht werden.
Phase »VI«:	Larry Greiner fügte eine sechste Phase hinzu. Ist die Organisation mit ihrer Struktur und ihren Geschäftsmodellen »am Ende« so können Verschmelzungen, Outsourcing, die Bildung von Netzwerken und die Interaktion mit anderen, außenstehenden Unternehmen die Lösung sein.

In diesem Modell erkennt man sein eigenes Unternehmen recht schnell wieder. Man kann das eigene Unternehmen einordnen.

Ich habe mich entschieden, dieses Modell im Rahmen dieses Buches vorzustellen. Ich möchte verdeutlichen, dass es in jedem Unternehmen bestimmte Entwicklungsstufen gibt, die überwunden werden müssen. Was früher ein Garant für den Erfolg war, ist heute vielleicht hinderlich. Oder anders: Mit den Mitteln, mit denen man gestern erfolgreich Probleme gelöst hat, verliert man heute. Mit dem gleichen Vorgehen wie gestern lassen sich morgen keine Erfolge mehr erreichen. Mit zunehmendem Erfolg muss die

Organisation angepasst werden. Und sie wird dann ganz anders sein. Gelingt die Anpassung nicht, so kann auch der höchste Einsatz der Mitarbeiter und der Unternehmer ein Stagnieren nicht verhindern. Erfolg bedeutet Veränderung.

Viertens: Fokussierung auf weniges, dafür aber richtig

Jede Firma hat nur endliche Ressourcen. Dabei spielt es keine Rolle, ob es sich um ein Drei-Mann-Unternehmen, oder um einen Konzern mit mehreren tausend Mitarbeitern handelt.

Werden diese Ressourcen nicht effektiv und effizient eingesetzt, dann wird Pulver verschossen. Das Stichwort lautet: Stringenz.

Jeder Unternehmer weiß, dass man nicht auf »vielen Hochzeiten gleichzeitig tanzen« kann. Am besten wäre im Grunde nur eine »Hochzeit«. Meist entwickelt sich das Geschäft über Jahre allerdings anders. Und so ergeben sich mehrere gewinnbringende Tätigkeitsfelder.

Die schwierige Aufgabe ist es nun, sich für weniges zu entscheiden. Ein externer Unternehmensberater würde es sich einfach machen. Er würde die Umsätze ins Verhältnis zu den Aufwendungen der einzelnen Produktbereiche setzen und seine Entscheidung treffen. Eine Beteiligungsgesellschaft würde vielleicht noch die einzelnen Marktsegmente mitbeurteilen. Dann würden harte Entscheidungen folgen.

Im Familienunternehmen ist das weit schwieriger. Trotzdem aber notwendig. Stichwort: laufende »Entmüllung«

Als Unternehmer unternimmt man Dinge. Man fängt hier etwas an und dort. Man probiert das eine und das andere. Großes und Kleines. Einiges funktioniert überhaupt nicht, anderes ein bisschen. Weniges gut. Und ganz, ganz selten funktioniert etwas sehr gut oder sogar exzellent und man baut sein weiteres Geschäft drauf auf.

Aber was passiert mit alle den Dingen die »zu wenig zum Leben und zu viel zum Sterben« abwerfen? Jene Dinge, die man eben so macht und sie weiterführt, weil sie nun mal da sind. Die Dinge, die mehr als wenig, aber nicht wirklich viel bringen und … um die man sich trotzdem kümmert.
Die Antwort lautet: nichts!
Man trifft keine Entscheidungen. Man lässt es irgendwie weiterlaufen wie bisher. Denn ein klein wenig Geld ist ja verdient. Und man hat ja schon Aufwand betrieben und »Herzblut« hineingesetzt und ja auch schon Werbung bei den Kunden gemacht. Und jetzt damit aufhören? Lieber nicht. Lassen wir es so weiterlaufen. Und hat es nicht vielleicht doch das Potenzial etwas zu werden?
Sie kennen das sicher.

Eine Fragestellung, die hier hilft, lautet: Würden wir es erneut tun, wenn wir es nicht schon getan hätten? Lautet die Antwort »Nein«, dann sollte man darüber nachdenken, die Sache vielleicht gleich ganz aufzuhören.

Jede Firma hat begrenze Ressourcen. Diese Ressourcen werden dort gebraucht, wo sie sich am meisten lohnen. Und nirgends sonst. Die wertvollen Ressourcen durch Verzettelung irgendwo zu vergeuden ist ein Fehler.

Erfolgreiche Firmen identifizieren ihre Geschäftsbereiche mit dem größten Wachstums- und Ertragspotenzial und sie fokussieren sich darauf. Und auf sonst nichts.

Defizitäre Geschäftsbereiche werden abgestoßen oder einfach aufgegeben.
In nicht ausbaubare Geschäftsbereiche wird nicht mehr investiert, sie werden »abgeschöpft«.
Im Familienunternehmen ist dies schwer. Und oft ist es moralisch fast nicht umsetzbar. Gern wird es verschleppt, bis es nicht mehr anders geht. Solange Geld da ist, kann man Ballast mitschleppen. Ist irgendwann kein Geld mehr da, dann geht es ganz schnell mit all den Entscheidungen, die eigentlich schon vor Jahren hätten getroffen werden müssen.

8 Warum scheitern Übergaben?

Zum Abschluss habe ich für Sie noch ein wenig recherchiert. Was sagt die Literatur und was sagen die Statistiken? Warum scheitern Generationenwechsel in Unternehmen? – Folgendes konnte ich herausfinden:

Erstens: Es ist kein qualifizierter Nachfolger vorhanden.
Mit dem Mann an der Spitze steht und fällt natürlich alles. In unserem Fall gilt: Kann und will der Junior die Führung nicht wirklich übernehmen, dann lassen Sie es sein. Treffen Sie diese Entscheidung realistisch und so früh wie möglich. Besser ein Ende mit Schrecken als ein Schrecken ohne Ende.

Zweitens: Die Planung wurde nicht frühzeitig und langfristig vorgenommen. Ereignisse treten unvorbereitet ein.
Meist hängt die Frage der Übergabe und des eigenen Ausscheidens stark mit der Erfahrung zusammen, dass das eigene Leben endlich ist. Sich das einzugestehen ist schwer. Aber es hilft nichts.
Die größten Erfolgsaussichten haben Übergaben wenn der Senior bereits ab einem Alter von 55 Jahren anfängt die entsprechenden vorbereitenden Maßnahmen zu treffen. Die Entscheidungen müssen schon ab einem sehr frühen Zeitpunkt in Richtung Übergabe zeigen. Das umfasst die Geschäftsausrichtung, Organisationsgestaltung und entsprechend gestaltete Verträge.

Drittens: Der Betrieb ist nicht ausreichend rentabel / wirtschaftlich.
Eine Übergabe ist teuer. So wie jede große Betriebsanpassung teuer ist. Schwierigkeiten wird es in jedem Fall geben. Diese müssen

überwunden werden. Hinzu kommt, dass viele Jahre auch das Auskommen des Nachfolgers gesichert sein muss. Es werden also mindestens zusätzliche Gehaltskosten vom Unternehmen getragen werden müssen.
Je weniger wettbewerbsfähig ein Unternehmen ist, desto eingeschränkter ist der Gestaltungsspielraum.
Die Planung sollte also beinhalten, einen rentablen und wettbewerbsfähigen Zustand zu erreichen. Und das vor dem eigentlichen Übergabeprozess.

Viertens: Regelungen von Verträgen insbesondere für den Fall von Krankheit und Tod wurden nicht getroffen.
Wie gesagt, sind Thematiken wie diese nicht Inhalt dieses Buches. Wesentlich sind sie in jedem Fall.
Sorgfältig geprüfte Regelungen wie Erbverträge, Testamente, Patientenverfügungen und dergleichen sind nur ein Teil. Im Gesellschaftervertrag und bei der notariellen Übertragung von Anteilen geht es nicht nur um den Schutz des Unternehmens, sondern auch um den Schutz der Familie. Wie sehen die Eheverträge aus? Gibt es Pflichtteilsverzichte der Kinder?
Wird nicht frühzeitig und gewissenhaft vorgegangen dann ist Ihre Unternehmensnachfolge nicht die erste, die aus Unachtsamkeit zum Desaster wird.

Fünftens: Es wurde keine steuerrechtlich optimale Lösung erarbeitet.
Die vom Gesetzgeber vorgegebenen Regelungen machen aus meiner persönlichen Sicht heraus eine Übergabe eines wertvollen Unternehmens fast unmöglich. Greift die Erbschaftssteuerregelung in der Form, dass Zahlungen anfallen, dann droht die Zerstückelung des Unternehmens.

Hier muss frühzeitig nach Lösungen gesucht werden und es müssen die entsprechenden Maßnahmen getroffen werden.

9 Schluss

Ich wünsche Ihnen alles Gute. Ich hoffe, es ist mir gelungen, Tipps und Anregungen zu liefern, um das gute Gelingen Ihrer Unternehmensübergabe in die nächste Generation erfolgreichen zu meistern.

Ganz zum Abschluss möchte ich Ihnen noch einen Satz mitgeben, der mich mein ganzes Leben lang begleitet hat und der mich hoffentlich noch für den Rest meines Lebens motivieren wird. Er lautet so:

»Ich bin der Meinung, dass jeder Mensch die heilige Pflicht hat, seine Möglichkeiten und seine Fähigkeiten zu nutzen.«

Unter den Möglichkeiten versteht man alles, was man selbst an Wegen offen hat. Damit ist all das gemeint, das sich einem erschließen, weil man als der geboren wurde, als der man nun einmal geboren wurde. Die Möglichkeiten ändern sich allerdings mit der Zeit. Zuerst ist da vielleicht das Elternhaus mit seinen Verbindungen, seiner finanziellen Unterstützung und Absicherung. Später kommt das selbst Geschaffene hinzu, die eigenen Verbindungen und das selbst geschaffene Kapital. Fähigkeiten sind zum Beispiel Talente wie Intelligenz, körperliche Leistungsfähigkeit oder soziale Kompetenzen. – Es ist eine Sünde, diese Möglichkeiten und Fähigkeiten nicht zu nutzen.

Wir stellen uns einen Maler vor, der unbeschreiblich schöne Bilder malen kann. Das Problem bei diesem Maler ist aber, dass er faul ist und dass er aus diesem Grund nicht malt. Er malt nicht, weil er das

Malen als anstrengend empfindet. Seine herausragenden Fähigkeiten bleiben ungenutzt, unerschlossen, weil er faul ist. Er hat die Fähigkeit, wunderschöne Bilder zu malen, und er tut es nicht. Das, meine sehr verehrten Leser, das ist eine Sünde!

Und der Lehrer gab zur Antwort: »Nicht am Wissen liegt es, wenn einer auf dem Wege stehen bleibt und nicht mehr weiter will. Denn er sucht Sicherheit, wo Mut verlangt wird, und Freiheit, wo das Richtige ihm keine Wahl mehr lässt. Und so dreht er sich im Kreis.« (Bert Hellinger)

Und das sollte unser aller Motivation sein, das und natürlich noch sehr viel mehr.

Vielen Dank fürs Lesen.

Christoph Schweiger,
Mittwoch, 15. Februar 2017

Anhang

Im Literaturverzeichnis finden Sie Bücher, die ich für lesenswert halte. Sie haben mir geholfen mein theoretisches und dann auch mein praktisches Wissen zur Unternehmensführung aufzubauen. Speziell in meiner Rolle als Nachfolger haben sie mich weitergebracht.

Literaturverzeichnis

Alfred P. Sloan: Meine Jahre mit General Motors

Hermann Jahnke: Planung und Steuerung der Produktion
ISBN 3-478-37350-6

Wolfram Waldner: So gründe und führe ich eine GmbH
ISBN 978-3-423-05278-8

Joseph A. Maciariello: Daily Drucker – Wirtschaftswissenschaft zum täglichen Gebrauch
ISBN 978-3-8274-1868-5

Raymond O. Loen: So lernt man führen – Ein Handbuch für Führungskräfte und solche die es werden wollen.

HGB – Handelsgesetzbuch

ArbG – Arbeitsgesetze

Frank Arnold: Management – Von den Besten lernen
ISBN 978-3-446-42177-6

Ralf R. Sattler: Unternehmerisch denken lernen – Das Denken in Strategie, Liquidität, Erfolg und Risiko
ISBN 3-423-50819-1

Eliyahu M. Goldratt: Das Ziel
ISBN 978-3-593-38568-6

Eliyahu M. Goldratt: Das Ziel II
ISBN 978-3-593-38617-1

Ulrich Schreiber: Besteuerung der Unternehmen
ISBN 3-540-22855-1

Karl Marx: Das Kapital
ISBN 3-88-59-992-0

Dr. Lothar Haberstock: Kostenrechnung I
ISBN 3-503-05033-7

Dr. Lothar Haberstock: Kostenrechnung II
ISBN3-503-05088-4

Eva Herman: Das Eva Prinzip
ISBN 978-442-15462-3

Jeff Rubin: Warum die Welt immer kleiner wird – Öl und das Ender der Globalisierung
ISBN 978-3-446-41955-1

Uwe Neumann: Professionelles Direktmarketing
ISBN 3-423-05886-2

Robert T. Kiyosaki: Rich Dad, poor Dad
ISBN 978-3-442-21778-6

Machiavelli: Der Fürst
ISBN 3-458-33837-3

German Jossé: Basiswissen Kostenrechnung
ISBN 978-3-423-50811-7

Detlef Lohmann: ...und mittags geh ich heim – Die völlig andere Art ein Unternehmen zum Erfolg zu führen
ISBN 978-3-7093-0475-4

Timothy Ferriss: Die 4-Stunden Woche
ISBN 978-3-430-20051-6

Hilmar Vollmuth: Kennzahlen
ISBN 9-78448-090925

Ralf Berning: Grundlagen der Produktion – Produktionsplanung und Beschaffungsmanagement
ISBN 3-464-49513-2

Franz Reinisch: Die Köpfe sind das Kapital
ISBN 9-783636-015433

Dr. Ursula Müller: Finanzbuchhaltung
ISBN 3-482-53652-x

Stephen C. Lundin: Fish – Ein ungewöhnliches Motivationsbuch
ISBN 3-442-16375-7

Philipp Riederle: Wer wir sind und was wir wollen – Ein digital Native erklärt seine Generation
ISBN 978-3-426-78611-6

McKinsey&Company: Planen, gründen, wachsen – Mit dem professionellen Businessplan zum Erfolg
ISBN 3-7064-0596-2

Ch. Homburg: Sales Excellence – Vertriebsmanagement mit System
ISBN978-3-8349-2918-1

Hermann Simon: Hidden Champions des 21. Jahrhunderts – Die Erfolgsstrategien unbekannter Weltmarktführer
ISBN 978-3-593-38380-4

Fredmund Malik: Führen, Leisten, Leben – Wirksames Management für eine neue Zeit
ISBN 978-3-593-38231-9

Rocca Jula: GmbH – Erfolgreich gründen und führen
ISBN 978-3448-091243

Fredmund Malik: Management – Das A und O des Handwerks
ISBN 978-3-593-38285-2

Reiner Bröckermann: Handbuch Personalentwicklung
ISBN 3-7910-2435-3

Peter Winkelmann: Marketing und Vertrieb
ISBN 978-3-486-58656-5

Mark Buchanan: Warum die Reichen reicher werden und ihr Nachbar so aussieht wie sie – Neue Erkenntnisse aus der Sozialphysik
ISBN 978-3-593-38456-6

Olaf H. Bode: Volkswirtschaftslehre
ISBN 978-3-8370-2757-0

Klaus-Helmut Schmidt: Führen mit Zielvereinbarung
ISBN 9-7838-01-714918

Volker Schultz: Basiswissen Rechnungswesen
ISBN 9-783423-508155

Howard Jakobson: Google Adwords für Dummies
ISBN 978-3-527-7044-6

Joachim Brüser: Unternehmensnachfolge
ISBN 978-3-589-23634-3

Aljoscha A. Schwarz: Praxisbuch NLP
ISBN 3-517-06238-3

Sunzi: Die Kunst des Krieges
ISBN 3-426-87058-4

Dr. Guido Fischermanns: Praxishandbuch Prozessmanagement
ISBN 9-921-313-686

N. Gregory Mankiw: Grundzüge der Volkswirtschaftslehre
ISBN 978-3-7910-2787-6

Dr. Ruth Melzer-Ridinger: Materialwirtschaft und Einkauf
ISBN 3-486-23057-3

Dr. Günther Schiller: Volkswirtschaftslehre
ISBN 3-8045-3344-2

Bernhard Beck: Volkswirtschaftslehre verstehen
ISBN 9-783728-127600

Günther Hofbauer: Professionelles Vertriebsmanagement
ISBN 978-3-89578-402-6

Jürgen Knoblauch: Die besten Mitarbeiter finden und halten
ISBN 978-3-593-39584-5

Daniel Schröder: Der rote Faden im Verkaufsgespräch
ISBN 3-7844-7418-7

Philipp Dickmann: Schlanker Materialfluss
ISBN 978-3-540-79514-8

Niels Pfläging: Die 12 neuen Gesetze der Führung
ISBN 978-3-593-39584-5

Jeffrey K. Liker: Der Toyota Weg
ISBN 978-3-89879-188-5

Ralph Scheuss: Handbuch der Strategien
ISBN 978-3-593-38712-3

Vera F. Birkenbihl: Birkenbihl on Management
ISBN 3-430-11203-6

Markus Venzin: Der Strategieprozess
ISBN 978-3-593-39584-5

Christoph Schneeweiß: Einführung in die Produktionswirtschaft
ISBN 3-540-43192-6

Scott Belsky: Making Ideas Happen
ISBN 978-0-670-92060-0

Klaus Jentzsch: Rhetorik
ISBN 3-8012-0228-3

Dieter Speck: Kommunikationstraining für den Alltag
ISBN 3-612-21452-7

Claus E. Domasch: Der Profi-Einkäufer
ISBN 3-593-36199-x

Michael Brückner: Geld – Banken – Börse
ISBN 3-7785-2387-2

Georg Simmel: Philosophie des Geldes
ISBN 978-3-86647-362-1

Dr. Spencer Johnson: Who Moved My Cheese?
ISBN 0-0918-1697-1

Ruth Pink: Souveräne Gesprächsführung und Moderation
ISBN 3-593-36826-9

Hans-Dieter Schwind: HGB leicht gemacht
ISBN 3-87440-195-2

Hilmar J. Vollmuth: Controlling-Instrumente
ISBN 3-86027-193-8

Bobby Henderson: Das Evangelium des Fliegenden Spaghetti-monsters
ISBN 978-3-442-54628-2

Paulo Coelho: Der Sieger bleibt allein
ISBN 978-3-257-24080-1

Hans-Olaf Henkel: Die Abwracker
ISBN 978-3-453-16829-9

Günther Wöhe: Einführung in die Allgemeine Betriebswirtschafts-lehre
ISBN 3-8006-3254-3

Europa Lehrmittel: Kaufmännische Betriebslehre

Rudolf Röhr: Der Industriemeister
ISBN 3-88264-095-2

Martin Hartenstein: Die Consulting-Praxis
ISBN 3-430-16061-7

Bernd Klein: TRIZ/TIPS – Methodik des erfinderischen Problemlösens
ISBN 3-486-25952-0

Franz Fricke: Betriebswirtschaftslehre
ISBN 3-7627-6247-3

Tim Cole: Unternehmen 2020 – Das Internet war erst der Anfang
ISBN 978-3-446-42162-2

Peter Kelder: Die fünf Tibeter
ISBN 3-502-25035-9

Reinhold Gagel: Wie man eine Bilanz liest
ISBN 978-86582-663-3

Matthias Collin: In zwölf Schritten einfach besser werden – Praxisleitfaden zur Unternehmensoptimierung
ISBN 978-3-8349-2119-2

Halko Weiss: Das Achtsamkeits Übungsbuch
ISBN 978-3-608-947-0

Ken Blanchard: The one minute manager
ISBN 0-00-710792-7